基于里德堡原子的
相干激发与量子关联研究

严　冬　主　编
杨　红　张焓笑　副主编

電子工業出版社
Publishing House of Electronics Industry
北京 · BEIJING

内 容 简 介

《国家中长期科学和技术发展规划纲要（2006—2020年）》明确将量子调控研究列为4个重大科学研究计划之一。组织和实施重大科学研究计划，对提高我国自主创新能力和核心竞争力，使我国科技水平占据未来的科学技术制高点具有重要意义。在"十三五"时期实施好已有国家科技重大专项的基础上，我国面向2030年部署量子通信与量子计算机等6个体现国家战略意图的重大科技项目。本书研究的内容既符合国家科技战略布局，又能为量子信息和量子物理领域的前沿科研工作者提供重要理论依据。本书重点论述偶极—偶极相互作用，以超冷里德堡原子系统为物理平台，探究多体激发行为和关联性质。

本书既可以作为相关领域技术人员的参考书，也可以作为量子物理、量子光学及量子信息等领域相关专业高年级本科生和研究生的参考书。

图书在版编目（CIP）数据

基于里德堡原子的相干激发与量子关联研究 / 严冬主编. —北京：电子工业出版社，2024.5

ISBN 978-7-121-47898-7

Ⅰ. ①基… Ⅱ. ①严… Ⅲ. ①量子论－研究 Ⅳ. ①O413

中国国家版本馆 CIP 数据核字（2024）第 102259 号

责任编辑：冯　琦

印　　刷：三河市龙林印务有限公司

装　　订：三河市龙林印务有限公司

出版发行：电子工业出版社

北京市海淀区万寿路 173 信箱　　邮编：100036

开　　本：720×1 000　1/16　印张：11.5　　字数：220 千字

版　　次：2024 年 5 月第 1 版

印　　次：2024 年 5 月第 1 次印刷

定　　价：88.00 元

凡所购买电子工业出版社图书有缺损问题，请向购买书店调换。若书店售缺，请与本社发行部联系，联系及邮购电话：（010）88254888，88258888。

质量投诉请发邮件至 zlts@phei.com.cn，盗版侵权举报请发邮件至 dbqq@phei.com.cn。

本书咨询联系方式：（010）88254434，fengq@phei.com.cn。

前　言

近年来，各国在量子科技方面的发展热情高涨，多个国家和地区相继启动和大力推进量子科技战略，积极推动量子计算机的研发和量产。2006 年，中国开始布局以量子调控研究为重大科学研究计划的中长期科学和技术发展规划，很好地实施了量子信息研究。2016 年，量子科学实验卫星“墨子号”发射成功，首次实现星地双向量子纠缠和密钥分发及隐形传态的科学实验，标志着我国量子保密通信的研究走在世界前沿。量子纠缠作为量子信息最核心的物理资源，具有不可替代的作用。本书通过研究里德堡原子的激发特性来实现以量子纠缠为主的量子关联，给出的理论方案和相应结论都是以实际的实验参数为基础的。这些结论对于进行相关实验研究具有非常重要的指导作用，特别是可以推动量子科技产品的商用。

处于高激发态的里德堡原子具有一些独特的性质，如具有较长的辐射寿命和较大的电偶极矩等，这些性质使其成为完成很多量子信息处理任务的有效资源。例如，通过对里德堡原子之间的长程偶极—偶极相互作用进行光学控制，可执行量子门操作和制备量子纠缠态。特别地，偶极—偶极相互作用能引起一种里德堡激发的阻塞效应：在微米尺度的介观区域内，最多只有一个原子能被激发到主量子数很大的里德堡态上。实际上，阻塞效应是很多新提出的量子操控方案的物理基础，覆盖原子纠缠的相干制备、单光子源的可靠产生、多体系统的量子模拟等领域。本书的工作主要建立在激光与里德堡原子相互作用这个新奇的量子界面上，将原子间强烈的相互作用映射到原子激发上，从而产生独特的多体强关联机制，进而实现保真度高、鲁棒性强的光子关联和原子纠缠。使用量子光学中常用的技术和手段，通过灵活操控超冷里德堡原子的激发行为，借助显著的偶极阻塞效应和偶极反阻塞效应实现少体或多体纠缠及光子关联的相干产生和量子操控。

本书共 11 章，第 1 章介绍里德堡原子与量子信息技术的发展状况，以及电磁感应透明；第 2 章介绍里德堡原子、光与二能级原子系统的相互作用、偶极阻塞效应与偶极反阻塞效应、原子相干效应；第 3 章研究单光子大失谐、双光子共振条件下的五能级 Λ 型原子系统的稳态光学响应，得出在绝热消除单光子跃迁的同时，电磁感应透明会充分保留双光子相消干涉的性质，且双光子 EIT 光谱对超冷里德堡原子间强烈的偶极—偶极相互作用不敏感的结论；第 4 章探究倒 Y 型里德堡原子的电磁感应透明性质，通过合作光学非线性与线性光学响应的转化来灵活操控量子光场的传播和演化；第 5 章发现在 N 型超冷里德堡原子的 EIT 光谱中存在正常和反常合作光学非线性效应，可以将该结果应用于弱光信号的光子统计操控；第 6 章结合平均场理论和超级原子模型来考察单光子水平的里德堡电磁感应透明性质，从而达到操控光子关联的目的；第 7 章对里德堡电磁感应透明的研究进行拓展，发现两体退相位可以明显增大阻塞半径，从而改变探测场的透射率和光子关联；第 8 章通过考察里德堡电磁感应透明的稳态相位特征，得到探测场相位可以作为合作光学非线性标识的结论，该研究是对里德堡电磁感应透明研究的有力补充，能够推动单光子水平的量子操控研究，以及新现象的发现、新技术的开发；第 9 章定量地给出稳态两体里德堡激发概率和并发纠缠的计算公式，进而考察偶极阻塞机制和偶极反阻塞机制下的量子纠缠行为，为量子纠缠的相干操控研究提供理论依据；第 10 章研究呈正四面体排布的少体里德堡原子系统的激发特性与量子纠缠行为，通过对比研究稳态、瞬态高阶激发和并发纠缠的关系，得到实现较大纠缠的参数条件和可能的原子纠缠态；第 11 章利用标准的受激拉曼绝热技术，结合偶极阻塞效应和偶极反阻塞效应，在稀薄超冷原子气体中制备两种最大纠缠态。

除了本书主编严冬教授，参与本书编写的还有副主编杨红教授、张焓笑博士，姚德新、薛龙泉、王鹏斐、黄磊、任飞帆等研究生参与了相关资料的整理、插图绘制、部分文字编写工作。感谢电子工业出版社冯琦老师在本书编辑和出版过程中给予的悉心指导。

由于笔者能力、研究视野有限，书中难免有疏漏和不妥之处，敬请读者批评指正。

严冬

2024 年 5 月

目　录

第1章 绪　　论

里德堡原子指主量子数很大的高激发态原子。里德堡原子的寿命长、半径大、电偶极矩大，具有很多其他中性原子没有的性质[1]。随着激光冷却技术的不断发展，里德堡原子丰富的物理内涵逐渐表现出来，特别是由原子间偶极—偶极相互作用引起的阻塞效应（Blockade Effect）[2-4]，引起了人们的广泛关注。如今，里德堡原子在量子信息、原子的相干激发技术、超冷等离子体和多体物理领域都展现了强劲的发展势头与独特优势。下面介绍与里德堡原子相关的量子信息技术和电磁感应透明的历史和发展现状。

1.1　里德堡原子与量子信息技术

以量子力学为基础、结合信息科学的核心概念、充分发挥量子相干和关联性质的量子信息技术可以开启当代及未来全球信息化革命的机遇之门。量子信息技术的物理实现必定会导致信息科学观念和模式发生重大变革，同时也会推动量子物理研究的深入。

量子信息技术包含很多分支，主要有量子计算[5-10]、量子通信[11-14]、量子密码[15-16]、量子模拟[6,17-19]和量子计量学等[20]。目前，一些分支已经走上实用化道路。例如，与国家战略安全相关的量子密码，目前已经完成实验室演示，成功建立了商用的多节点量子密码网络和量子密钥分发系统[21-25]，且商用光纤中的量子密钥分发传递距离已超过 100km[26]。与此同时，与量子信息技术相关的物理前沿研究正如火如荼地进行。

自 1985 年 Deutsch 给出量子图灵机的概念以来[7]，量子计算研究开始步入正轨，他提出量子计算机的计算任务可以转化为由量子逻辑门构成的逻辑网络[27]。后来，人们发现这种执行量子计算任务的逻辑网络可以由简单的量子逻辑门组合而成，即采用单比特的任意旋转门（One-Qubit Rotation Gate）和双比特的受控非门（Two-Qubit Controlled-NOT Gate）可以搭建任意的量子逻辑电路，以进行量子计算[28]。目前，实验室中验证量子逻辑门最好的系统有捕获离子系统[29]、线性光学系统[30]、超导体系统[31-32]及半导体中的量子点系统等[33-35]。例如，捕获离子比特已经能够描述复杂度非常高的量子态，并能够实现具有高保真度的量子逻辑门和最小算法[29]，而中性原子比特也展示出它的发展前景[36-37]。中性原子比特和捕获离子比特有很多共同点，包括在原子超精细结构中实现量子信息的长寿命编码，以及使用共振激光脉冲操纵和测量比特量子态。我们知道，量子态对其相互作用的依赖特性是执行量子逻辑运算的关键，而在这点上，捕获离子比特和中性原子比特却有明显区别，这种区别决定了使用里德堡原子能够有效实现量子逻辑运算。具体来讲，离子间的库仑相互作用非常强，利用这个特点可以实现具有高保真度的量子逻辑门，但是由于库仑相互作用一直存在，所以与里德堡原子相比，捕获离子比特很难实现多比特寄存器（Many-Qubit Register）任务[38]。里德堡原子间相互作用强度的变化范围很大，主量子数为 100S 的两个里德堡原子的相互作用强度约为基态中性原子间相互作用强度的 10^{12} 倍[38]。利用里德堡原子的这一特性可以灵活地调节相互作用强度，从而实现具有高保真度的量子逻辑门。由强烈的长程偶极—偶极相互作用引起的阻塞效应在实现量子逻辑运算中有明显优势，原因有 3 个：①在能级移动足够大的情况下，保真度不依赖偶极阻塞，因此只要保证能级移动足够大，就不要求能精确控制能级移动；②在实现量子纠缠的方案中，保真度对原子质心运动的依赖可以忽略不计，因此外界运动自由度带来的不必要纠缠组分会被压缩，在亚多普勒温度下能够获得具有高保真度的量子逻辑门[39]；③相互作用距离足够长，允许在光学可分辨的原子间实施逻辑门操作而不需要在物理上移动它们的位置。需要指出的是，在众多量子逻辑门方案（包括短程偶极作用[40]、基态碰撞[41]、原子和光子耦合[42]、磁偶极—偶极相互作用[43]、光学控制偶极作用[44]及非定域比特逻辑门[45]）中，尽管基于碰撞相互作用的多粒子纠缠在光晶格实验中已取得一定的进展[46-47]，但是目前只利用里德堡原子成功完成了中性双原子量子逻辑门的实验验证。与其他量子逻辑门方案相比，基于偶极阻塞的量子逻辑门的最大优势在于它本质上是兆赫兹级的量子逻辑门[38]。

里德堡原子不仅能实现具有高保真度的双原子量子逻辑门[48]，还能基于偶极阻塞实现介观领域的多原子集体量子逻辑操作[49]，从而使相关量子操作条件变得宽松，不必达到操控单原子的精细水平。需要指出的是，除利用偶极阻塞实现量子逻辑门外，还有以里德堡原子系统为平台的其他实现方案，如相互作用门（Interaction Gates）[48,50-52]、干涉逻辑门（Interference Gates）[53-56]和振幅交换门（Amplitude Swap Gates）[57-58]。相互作用门的最大优点是不需要原子的单独寻址，而干涉逻辑门则不必布居在里德堡能级上，利用多光子跃迁路径的干涉效应就可以在退相干的自由子空间内执行一系列逻辑操作，缺点是逻辑操作时间相对较长。振幅交换门与前两者不同，它不通过执行受控 Z（Controlled-Z）操作实现受控非门，而根据控制比特的状态直接实现目标比特交换。

与传统计算机相比，量子计算机的最大优势在于它利用了量子相干叠加特性和强大的并行性，能够明显提高求解某些函数的速度，而量子计算中最有代表性的算法为求解大数因子分解的 Shor 算法、以平方根加速搜索的 Grover 算法和解决黑匣子问题的 Deutsch-Jozsa 算法。这几种重要算法的发现将量子计算研究推向了一个新的高潮。将里德堡原子作为物理系统，除了可以实现量子逻辑操作，还可以实现 Grover 算法[59-62]和 Deutsch-Jozsa 算法[63]。量子计算中的 Deutsch-Jozsa 算法与对应的经典算法不同，它不仅能够判断函数是常数或平衡函数，还能给出具体的值[63]。

量子纠缠是量子信息中的重要物理资源。利用量子纠缠实现量子信道，能够在各节点间处理和传递量子态信息，从而完成真正的量子通信[64]，这就使得建立系统各节点间高品质的量子纠缠变得非常必要。目前实现和制备量子纠缠的物理系统和平台有很多，如里德堡原子系统。2012 年，诺贝尔物理学奖获得者 Haroche 根据里德堡原子寿命长和电偶极矩大的特性，通过发射里德堡原子穿过微腔从而获得高保真的光与原子的纠缠[65]。也有一些研究者通过实验观察到了基于偶极作用的一对原子的量子纠缠现象[58]。另外，考虑到偶极作用的长距性，一些学者给出了实现长程原子纠缠和量子通信的方案[66-68]。特别地，除少体纠缠外，利用偶极阻塞效应还能产生多体纠缠[69-72]。

利用偶极阻塞效应构建光和原子的量子界面（Quantum Interface）是研究里德堡原子的兴趣点之一。从实际出发，需要将用于量子计算的大型寄存器分成一些物理单元，每个单元持有部分寄存比特，考虑到光子在介质中能够快速传输且具有较强的抗干扰性，可以利用飞行光子比特在这些物理单元间进行量子逻辑门操作[38]。虽然光子纠缠是实现量子通信最好的物理载体，且关于量子隐形传态的实验最早是在光子系统中完成的[12]，但是由于在远距离通信中存在退纠缠现象和耦合损失，所以往往将近距离传输的光子信息储存在量子中继器中，再利用光和原子的相互作用提取飞行比特，重复这个步骤，就能够很好地完成远距离量子信息传输[73-77]。在这个过程中，即使存在很低的错误率，也可以通过量子编码来修正。因此，利用量子中继原理能够实现大型量子计算机内各部分的远距离纠缠。里德堡原子在量子界面方面显示出它的独特优势：首先，强烈的长程偶极—偶极相互作用使得多原子寻址变得更容易，同时也能够带来长程的高品质原子纠缠；其次，偶极阻塞产生的集体效应使得光学深度明显变大，光和原子间的量子界面变得更有效[78]；再次，原子间强烈的偶极作用能够映射到光和原子及光子和光子上，进而产生强烈的耦合非线性效应；最后，我们能够在微米尺度实施多原子编码和多比特寄存任务。总之，利用里德堡原子可以实现强大的、具有确定性的光和原子间的量子界面。

里德堡原子在量子密码技术上也有潜在应用。1983 年，Wiesner 提出了量子密码的基本概念[15]；1984 年，Bennett 和 Brassard 对其进行了完善并形成了理论性和实用性非常强的量子密钥分配协议——BB84 协议[16]，该协议的建立为量子密码学奠定了基础。由于量子密钥分配机制建立在测不准原理和不可克隆定律的基础上，其安全性不依赖密钥分发算法的复杂度，因此在理论上 BB84 协议是绝对安全的。然而在具体实现过程中会出现漏洞，以基于单光子态编码的 BB84 协议为例，常规做法是将较弱的相干光源作为单光子光源，但是此类光源存在一定概率的多光子脉冲，因此采用分束攻击能够成功欺骗通信双方[79-82]。由此可以看出，稳定可靠的单光子源对量子密码技术来说十分重要。就目前的研究而言，基于严格偶极阻塞特性可以实现确定的单光子，而不是具有概率性的单光子，因此里德堡原子自然能够实现可获得完美可靠的单光子源[66,68,83-84]的物理平台。

在理论和实验方面，里德堡原子的偶极阻塞效应表现出很大作用。除前面提到的应用外，里德堡原子在其他方面也有广阔的发展前景，如确定性的单原子装载[66]、与原子钟和精密测量有密切关系的原子自旋压缩[85-87]、耦合微波谐振子的非局域门[88-89]和耗散系统的量子多体模拟[90-91]等。

综上所述，里德堡原子具有其他物理系统（包括其他中性原子）不具有的独特性质，特别是偶极阻塞效应能够天然地用于实现各种量子逻辑门操作、制备高品质纠缠态、进行量子模拟，以及实现理论上完美可靠的单光子源，因此对超冷里德堡原子进行深入研究可以加快量子信息技术的实用化步伐。

1.2 电磁感应透明

电磁感应透明（EIT）是典型的原子相干现象，它源于相干电磁场和原子相互作用引起的原子相干效应。EIT 的特点是：在共振跃迁处原本对光有吸收作用的介质变得透明，同时伴有极为陡峭的色散[92-94]。因为 EIT 同时提供对光的强色散和低吸收条件，所以容易观察到光的群速度减慢现象[95-98]。目前，实验上利用钠的玻色—爱因斯坦凝聚体（Bose-Einstein Condensate，BEC）将光脉冲的群速度降到 17m/s[96]，在室温下能够降到 8m/s[99]。除在慢光上的应用外，光在介质中传播时，还可以通过关闭耦合激光场来实现脉冲静止。目前，脉冲在介质中的存储时间可达 1ms[100-101]，利用这种手段可以实现高效率的光信息可逆存储[102-104]。EIT 还可以产生和存取单光子脉冲，以实现两个远距离量子存储器的量子通信[105-106]。另外，利用 EIT 技术可以获得全光电磁诱导的光栅[107-109]和光子晶体[110-113]、全光控制的光信息处理器、光通信网络的光开关和光路由[114-115]等，其在量子信息中具有非常重要的作用。

需要指出的是，在上述研究中，与相干电磁场作用的原子系综均为独立原子系综，即介质是由没有耦合作用的独立原子构成的。近期，人们将对 EIT 的研究扩展至具有强相互作用的超冷里德堡原子领域。研究表明，里德堡原子的一些特性会充分映射到 EIT 光学响应上。2005 年，Friedler 等利用 EIT 技术实现了光子相位门，同时发现里德堡原子间强烈的长程偶极—偶极相互作用会导致碰撞的慢光脉冲产生强烈的、非局域的非线性效应[116]。早期的热原子 EIT 研究表明[117]，在探测里德堡能级方面，EIT 技术明显优于离子化手段[1]，原因在于 EIT 具有相干性、非破坏性等。此外，利用 EIT 探测技术还可以展示里德堡能级的光谱结构，在此基础上可以测量锶的同位素移动[118]。将 EIT 光谱和 FM 光谱结合还可以稳定里德堡激发的频率[119]，从而通过双光子共振跃迁获得具有高分辨率的里德堡光谱[120]。

利用 EIT 暗态的里德堡特性还可以实现光开关和巨电光效应（由于里德堡原子的极化率非常高，所以巨电光效应往往比典型的 Kerr 效应高 6 个数量级）[121]，基于巨电光效应能够制造灵敏的测电计[122-123]。由于多普勒展宽使得偶极阻塞区域变小，所以在热原子样品中观察不到偶极—偶极相互作用[124]。在超冷原子情况下则不同，即使在主量子数较小的 EIT 光谱中也能够观察到偶极—偶极相互作用。偶极作用不仅能导致 EIT 退相位[125]，还能产生与超辐射[120]类似的合作现象。当原子处于里德堡态时，偶极阻塞效应引起的合作光学非线性效应非常明显，它的典型特点是 EIT 光谱和出射光子的统计特性依赖入射探测场强度[126-131]与初始光子关联[131]。实际上，里德堡原子介质存在两种合作光学非线性效应：一种为正常合作光学非线性效应，表现为随着探测场强度的增大，透射率变小，出射光子为反聚束光子[126-130]；而在四能级 N 型原子系统中，我们发现一种与之完全相反的新的非线性效应，当探测场强度增大时，透射率变大，出射光子为聚束光子，称为反常合作光学非线性效应[131]。显然，非线性 EIT 与独立原子的 EIT（线性 EIT）完全不同，线性 EIT 光谱不会随入射探测场强度的变化而变化，且入射光在经过独立原子系综后，统计特性不会变化，如当入射光为经典光时，出射光仍为经典光。我们的研究表明，线性 EIT 和非线性 EIT 是可以相互转化的，这种转化在普通 EIT 研究和单光子水平 EIT 研究间搭建了桥梁[130]。最新研究表明，在 EIT 机制下，里德堡原子介质表现出单量子级别的非线性效应，即对两个光子有很强的吸收作用，而对于单光子来说则是透明的[132-133]。

1.3　本书的结构及主要内容

本书主要研究光与里德堡原子作用过程中的量子相干现象和关联行为。一方面，研究双光子跃迁机制下的电磁感应透明现象，进而考虑长程偶极—偶极相互作用对电磁感应透明的影响，并在偶极阻塞机制下研究合作光学非线性效应，进行线性 EIT 和正常非线性 EIT 的转化与过渡研究。在此基础上，发现一种新的反常合作光学非线性效应，研究两种非线性效应对探测光的依赖及伴随的双光子关联行为，这可以为可靠的单光子源研究及量子信息处理研究提供理论基础。另一方面，研究在少体里德堡原子中利用里德堡激发特性实现量子纠缠。特别地，利用受激拉曼绝热通道可以实现有效的里德堡激发，同时在灵活可调的偶极阻塞机制和偶极反阻塞机制下制备两种典型的最大原子纠缠态。

第 1 章介绍与里德堡原子相关的量子信息技术和电磁感应透明的历史和发展现状，强调里德堡原子研究的重要性和迫切性。并介绍 EIT 的发展历史及物理背景，为后续内容的介绍做好铺垫。

第 2 章主要介绍物理基础和理论手段。详细介绍里德堡原子的主要特性，分别给出光与独立原子系综、光与里德堡原子系综相互作用的主要方程和技术手段，在此基础上介绍偶极阻塞效应和偶极反阻塞效应，最后介绍电磁感应透明和受激拉曼绝热过程的基本原理。需要强调的是，我们不但给出了独立原子系综电磁感应透明的基本概念和原理，还给出了由偶极—偶极相互作用主导的里德堡电磁感应透明的基本特征，并深入剖析了其物理机制。

以往关于 EIT 的研究都是基于单光子跃迁机制进行的，而对由双光子跃迁主导的 EIT 鲜有研究。因此，第 3 章先确定双光子主导条件（单光子大失谐且双光子共振），并以此为前提研究双光子 EIT 的光学响应。研究表明，在双光子跃迁占主导地位的条件下，可以将五能级 Λ 型原子系统中的两个中间能级绝热消除，从而将原系统简化为三能级 Λ 型原子系统，这样能更清晰地给出双光子 EIT 的物理图像。进一步地，对双光子 EIT 表现出来的新特点进行系统分析，并利用缀饰态理论给出解释。考虑到双光子 EIT 的实际应用，引入里德堡态的长程偶极—偶极相互作用。我们发现，双光子 EIT 光谱对超冷里德堡原子间强烈的偶极—偶极相互作用不敏感。

第 4 章研究合作光学非线性的性质及它与线性光学响应的可控转化行为。在四能级倒 Y 型原子系统中，当两个强相干耦合场和一个弱探测场穿过一维超冷里德堡原子介质时，透射光强度和光子关联表现出线性与非线性行为。考虑偶极作用，光与原子的相互作用问题变为多体问题。处理多体问题的近似方法和手段有很多，这里采用研究非线性 EIT 的有效方法——引入双光子关联的平均场理论。研究表明，在该模型中，我们可以通过调整单光子失谐来灵活地实现线性 EIT 和正常非线性 EIT 的转化，并在线性 EIT 窗口和非线性 EIT 窗口简并的条件下，研究 EIT 光谱的透射率及双光子关联性质。这对于 EIT 的研究来说是一个突破，它成为连接光与独立原子和光与耦合原子相互作用研究的桥梁，在量子信息及量子光学领域有重要价值。

第 5 章介绍一种新的反常合作光学非线性效应。与第 4 章采用的方法类似，只不过这里的原子系统结构为 N 型。本章不仅在透射光谱中实现线性 EIT 和正常非线性 EIT，还实现反常非线性 EIT。反常非线性 EIT 的透射率及双光子关联行为与正常非线性 EIT 完全相反，即随着入射探测场强度的增大，透射率不断提高且伴有明显的反聚束效应。此外，我们发现合作光学非线性行为不仅依赖入射探测场强度，还对初始探测场的双光子关联十分敏感，这个结果是对合作光学非线性研究的有力补充。

第 6 章研究量子化的探测场在一维四能级超冷原子系统中的传播特性。基于偶极阻塞效应，该系统的稳态 EIT 光谱表现出典型的单光子水平的非线性现象：在饱和时，探测场透射率和光子关联依赖探测场强度。一方面，调整两个控制场的单光子失谐，能够实现对非线性 EIT 的灵活操控。另一方面，通过改变两个控制场的拉比频率比值，能够观察到四能级原子系统与三能级原子系统的转化。

第 7 章介绍新物理机制下的里德堡电磁感应透明。在前面的研究中，里德堡态往往选为 nS 能级，此时原子之间只有相干的偶极—偶极相互作用。然而，一旦选择 d 能级，则既要考虑范德瓦耳斯相互作用，又要考虑两体退相位行为。研究表明，两体相干和非相干的相互作用都会影响里德堡电磁感应透明的稳态性质。两体退相位能够明显增大阻塞半径，从而改变探测场的透射率和光子关联，增强合作光学非线性效应。

第 8 章在典型的里德堡电磁感应透明系统中研究弱探测场在相互作用原子系统中的传播特性，重点关注基于偶极阻塞效应的探测场相位的合作光学非线性行为。通过与探测场透射率和光子关联对比，发现探测场相位的光学响应具有独特之处：在共振频率处和 Autler-Townes（AT）劈裂处，相位对入射探测场强度和初始光子关联不敏感，而在两者之间，相位具有非线性特征，尤其在经典光频率处。此外，增大主量子数和原子密度都会增强相位的非线性效应。综上所述，与探测场透射率和光子关联一样，探测场相位可以作为合作光学非线性标识，刻画非线性现象，该研究是对里德堡电磁感应透明研究的有力补充。

第 9 章研究两体里德堡原子系统的量子纠缠和稳态激发行为，并给出稳态两体里德堡激发概率和并发纠缠的计算公式，以此为基础，精准分析偶极阻塞机制和偶极反阻塞机制的物理机制，从而通过改变系统的参数（自由度）来实现对量子纠缠的相干操控。

第 10 章研究呈特殊空间结构（正四面体）排布的少体里德堡原子系统的并发纠缠和里德堡激发的稳态和瞬态动力学性质，发现偶极阻塞机制下的量子纠缠最大，其他满足偶极反阻塞条件的高阶激发引起的纠缠较小，进而从理论上分析这两种机制下量子纠缠的物理机质。

第 11 章利用受激拉曼绝热技术在稀薄超冷原子气体中实现里德堡态的有效激发，并对存在 vdW 相互作用的系统的准暗态组成及其与偶极阻塞效应和偶极反阻塞效应的关系进行研究。在系统绝热演化的条件下，制备两种具有不同性质的最大纠缠态，并分析产生这两种纠缠态的物理机制和原因。该研究对推动相干里德堡激发及量子信息的发展具有重要意义。

参 考 文 献

[1] Gallagher T F. Rydberg Atoms[M]. Cambridge: Cambridge University Press, 1994.

[2] Lukin M D, Fleischhauer M, Cote R, et al. Dipole Blockade and Quantum Information Processing in Mesoscopic Atomic Ensembles[J]. Physical Review Letters, 2001, 87:037901-1-4.

[3] Tong D, Farooqi S M, Stanojevic J, et al. Local Blockade of Rydberg Excitation in an Ultracold Gas[J]. Physical Review Letters, 2004, 93:1-4.

[4] Singer K, Reetz-Lamour M, Amthor T, et al. Suppression of Excitation and Spectral Broadening Induced by Interactions in a Cold Gas of Rydberg Atoms[J]. Physical Review Letters, 2004, 93:163001-1-4.

[5] Benioff P. The Computer as a Physical System: A Microsopic Quantum Mechanical Hamiltonian Model of Computers as Represented by Turing Machines[J]. Journal of Statistical Physics, 1980, 22:563-591.

[6] Feynman R P. Simulating Physics with Computers[J]. International Journal of Theoretical Physics, 1982, 21:467-488.

[7] Deutsch D. Quantum Theory: The Church-Turing Principle and the Universal Quantum Computer[J]. Proceedings of the Royal Society A, 1985, 400:97-117.

[8] Shor P W. Algorithms for Quantum Computation: Discrete Logarithms and Factoring[J]. In Proceedings of the 35th Annual Symposium on the Foundations of Computer Science, IEEE Computer Society Press, 1994:124-134.

[9] Grover L K. Quantum Mechanics Helps in Searching for a Needle in a Haystack[J]. Physical Review Letters, 1997, 79:325-328.

[10] Shor P W. Scheme for Reducing Decoherence in Quantum Computer Memory[J]. Physical

Review A, 1995, 52:R2493-R2496.

[11] Bennett C H, Brassard G, Crepeau C, et al. Teleporting an Unknown Quantum State via Dual Classical and Einstein-Podolsky-Rosen Channels[J]. Physical Review Letters, 1993, 70:1895-1899.

[12] Bouwmeester D, Pan J W, Mattle K, et al. Experimental Quantum Teleportation[J]. Nature, 1997, 390:575-579.

[13] Pan J W, Gasparoni S, Aspelmeyer M, et al. Experimental Realization of Freely Propagating Teleported Qubits[J]. Nature, 2003, 421:721-725.

[14] Zhao Z, Chen Y A, Zhang A N, et al. Experimental Demonstration of Five-Photon Entanglement and Open-Destination Teleportation[J]. Nature, 2004, 430:54-58.

[15] Wiesner S. Conjugate Coding[J]. SIGACT News, 1983, 15:78-88.

[16] Bennett C H, Brassard G. Quantum Cryptography: Public Key Distribution and Coin Tossing[J]. In Proceedings of IEEE International Conference on Computers, Systems and Signal Processing, Bangalore, India, December 1984:175-179.

[17] Struck J, Olschlager C, Le Targat R, et al. Quantum Simulation of Frustrated Classical Magnetism in Triangular Optical Lattices[J]. Science, 2011, 333:996-999.

[18] Barreiro J T, Muller M, Schindler P, et al. An Open-System Quantum Simulator with Trapped Ions[J]. Nature, 2011, 470:486-491.

[19] Lanyon B, Hempel C, Nigg D, et al. Universal Digital Quantum Simulation with Trapped Ions[J]. Science, 2011, 334:57-61.

[20] Giovannetti V, Lloyd S, Maccone L. Quantum Metrology[J]. Physical Review Letters, 2006, 96:010401-1-4.

[21] Elliott C, Colvin A, Pearson D, et al. Current Status of the DARPA Quantum Network[J]. Quantum Information and Computation III. Proceedings SPIE, 2005, 5815:138-149.

[22] Peev M, Pacher C, Alleaume R, et al. The SECOQC Quantum Key Distribution Network in Vienna[J]. New Journal of Physics, 2009, 11:075001-1-37.

[23] Sasaki M, Fujiwara M, Ishizuka H, et al. Field Test of Quantum Key Distribution in the Tokyo QKD Network[J]. Optics Express, 2011, 19:10387-10409.

[24] Wang S, Chen W, Yin Z Q, et al. Field Test of Wavelength-Saving Quantum Key Distribution Network[J]. Optics Letters, 2010, 35:2454-2456.

[25] Chen T Y, Wang J, Liang H, et al. Metropolitan All-Pass and Inter-City Quantum Communication Network[J]. Optics Express, 2010, 18:27217-27225.

[26] Han Z F, Mo X F, Gui Y Z, et al. Stability of Phase-Modulated Quantum Key Distribution Systems[J]. Applied Physics Letters, 2005, 86:221103-1-3.

[27] Deutsch D. Quantum Computational Networks[J]. Proceedings of the Royal Society A, 1989, 425:73-90.

[28] Barenco A, Bennett C H, Cleve R, et al. Elementary Gates for Quantum Computation[J]. Physical Review A, 1995, 52:3457-3467.

[29] Blatt R, Wineland D. Entangled States of Trapped Atomic Ions[J]. Nature, 2008, 453:1008-1015.

[30] Kok P, Munro W J, Nemoto K, et al. Linear Optical Quantum Computing with Photonic Qubits[J]. Reviews of Modern Physics, 2007, 79:135-174.

[31] Clarke J, Wilhelm F K. Superconducting Quantum Bits[J]. Nature, 2008, 453:1031-1042.

[32] Dicarlo L, Chow J M, Gambetta J M, et al. Demonstration of Twoqubit Algorithms with a Superconducting Quantum Processor[J]. Nature, 2009, 460:240-244.

[33] Li X, Wu Y, Steel D, et al. An All-Optical Quantum Gate in a Semiconductor Quantum Dot[J]. Science, 2003, 301:809-811.

[34] Petta J, Johnson A, Taylor J, et al. Coherent Manipulation of Coupled Electron Spins in Semiconductor Quantum Dots[J]. Science, 2005, 309:2180-2184.

[35] Barthel C, Reilly D J, Marcus C M, et al. Rapid Single-Shot Measurement of a Singlet-Triplet Qubit[J]. Physical Review Letters, 2009, 103:160503-1-4.

[36] Knoernschild C, Zhang X L, Isenhower L, et al. Independent Individual Addressing of Multiple Neutral Atom Qubits with a Micromirror-Based Beam Steering System[J]. Applied Physics Letters, 2010, 97:134101-1-3.

[37] Bloch I, Quantum Coherence and Entanglement with Ultracold Atoms in Optical Lattices[J]. Nature, 2008, 453:1016-1022.

[38] Saffman M, Walker T, Mølmer K. Quantum Information with Rydberg Atoms[J]. Reviews of Modern Physics, 2010, 82(3):2313-2363.

[39] Saffman M, Walker T G. Analysis of a Quantum Logic Device Based on Dipole-Dipole Interactions of Optically Trapped Rydberg Atoms[J]. Physical Review A, 2005, 72:022347-1-21.

[40] Brennen G K, Caves C M, Jessen P S, et al. Quantum Logic Gates in Optical Lattices[J]. Physical Review Letters, 1999, 82:1060-1063.

[41] Jaksch D, Briegel H J, Cirac J I, et al. Entanglement of Atoms via Cold Controlled Collisions[J]. Physical Review Letters, 1999, 82:1975-1978.

[42] Pellizzari T, Gardiner S A, Cirac J I, et al. Decoherence, Continuous Observation, and Quantum Computing:A Cavity QED Model[J]. Physical Review Letters, 1995, 75:3788-3791.

[43] You L, Chapman M S. Quantum Entanglement Using Trapped Atomic Spins[J]. Physical Review A, 2000, 62:052302-1-5.

[44] Lukin M D, Hemmer P R. Quantum Entanglement via Optical Control of Atom-Atom Interactions[J]. Physical Review Letters, 2000, 84:2818-2821.

[45] Mompart J, Eckert K, Ertmer W, et al. Quantum Computing with Spatially Delocalized Qubits[J]. Physical Review Letters, 2003, 90:147901-1-4.

[46] Mandel O, Greiner M, Widera A, et al. Controlled Collisions for Multi-Particle Entanglement of Optically Trapped Atoms[J]. Nature, 2003, 425:937-940.

[47] Anderlini M, Lee P J, Brown B L, et al. Controlled Exchange Interaction Between Pairs of Neutral Atoms in an Optical Lattice[J]. Nature, 2007, 448:452-456.

[48] Jaksch D, Cirac J, Zoller P, et al. Fast Quantum Gates for Neutral Atoms[J]. Physical Review Letters, 2000, 85(10):2208-2211.

[49] Lukin M D, Fleischhauer M, Cote R. Dipole Blockade and Quantum Information Processing in Mesoscopic Atomic Ensembles[J]. Physical Review Letters, 2001, 85(3):037901-1-4.

[50] Protsenko I E, Reymond G, Schlosser N, et al. Operation of a Quantum Phase Gate Using Neutral Atoms in Microscopic Dipole Traps[J]. Physical Review A, 2002, 65:052301-1-14.

[51] Ryabtsev I I, Tretyakov D B, Beterov I I. Stark-Switching Technique for Fast Quantum Gates in Rydberg Atoms[J]. Journal of Physics B:Atomic, Molecular and Optical Physics, 2003, 36:297-306.

[52] Ryabtsev I I, Tretyakov, D B, Beterov I I. Applicability of Rydberg Atoms to Quantum Computers[J]. Journal of Physics B:Atomic, Molecular and Optical Physics, 2005, 38:S421-S436.

[53] Brion E, Mølmer K, M. Saffman. Quantum Computing with Collective Ensembles of Multilevel Systems[J]. Physical Review Letters, 2007, 99:1-4.

[54] Brion E, Mouritzen A S, Mølmer K. Conditional Dynamics Induced by New Configurations for Rydberg Dipole-Dipole Interactions[J]. Physical Review A, 2007, 76:1-5.

[55] Brion E, Pedersen L H, Mølmer K. Implementing a Neutral Atom Rydberg Gate Without Populating the Rydberg State[J]. Journal of Physics B:Atomic, Molecular and Optical Physics, 2007, 40:S159-S166.

[56] Brion E, Pedersen L H, Mølmer K, et al. Universal Quantum Computation in a Neutralatom

Decoherence-Free Subspace[J]. Physical Review A, 2007, 75:032328-1-7.

[57] Ohlsson N, Mohan R K, Kröll S. Quantum Computer Hardware Based on Rare-Earth-Ion-Doped Inorganic Crystals[J]. Optics Communications, 2002, 201:71-77.

[58] Isenhower L, Urban E, Zhang X L, et al. Demonstration of a Neutral Atom Controlled-NOT Quantum Gate[J]. Physical Review Letters, 2010, 104:010503-1-4.

[59] Ahn J, Weinacht T C, Bucksbaum P H. Information Storage and Retrieval Through Quantum Phase[J]. Science, 2000, 287:463-465.

[60] Yang W L, Chen C Y, Feng M. Implementation of Three-Qubit Grover Search in Cavity QED[J]. Physical Review A, 2007, 76:054301-1-4.

[61] Mølmer K, Isenhower L, Saffman, M. Efficient Grover Search with Rydberg Blockade[J]. Journal of Physics B: Atomic, Molecular and Optical Physics, 2011, 44:184016-1-8.

[62] Bhaktavatsala R D D, Mølmer K. Effect of Qubit Losses on Grover's Quantum Search Algorithm[J]. Physical Review A, 2012, 86:042321-1-6.

[63] Chen A X. Implementation of Deutsch-Jozsa Algorithm and Determination of Value of Function via Rydberg Blockade[J]. Optics Express, 2011, 19:2037-2045.

[64] Bennett C H, Brassard G, Crépeau C, et al. Teleporting an Unknown Quantum state via Dual Classical and Einstein-Podolsky-Rosen Channels[J]. Physical Review Letters, 1993, 70:1895-1899.

[65] Hagley E, Maitre X, Nogues G, et al. Generation of Einstein-Podolsky-Rosen Pairs of Atoms[J]. Physical Review Letters, 1997, 79:1-5.

[66] Saffman M, Walker T G. Creating Single-Atom and Single-Photon Sources from Entangled Atomic Ensembles[J]. Physical Review A, 2002, 66:065403-1-4.

[67] Saffman M, Walker T G. Entangling Single-and N-Atom Qubits for Fast Quantum State Detection and Transmission[J]. Physical Review A, 2005, 72:042302-1-6.

[68] Pedersen L H, Mølmer K. Few Qubit Atom-Light Interfaces with Collective Encoding[J]. Physical Review A, 2009, 79:012320-1-5.

[69] Unanyan R G, Fleischhauer M. Efficient and Robust Entanglement Generation in a Many-Particle System With Resonant Dipole-Dipole Interactions[J]. Physical Review A, 2002, 66:032109-1-4.

[70] Møller D, Madsen L B, Mølmer K. Quantum Gates and Multiparticle Entanglement by Rydberg Excitation Blockade and Adiabatic Passage[J]. Physical Review Letters, 2008, 100:170504-1-4.

[71] Müller M, Lesanovsky I, Weimer H, et al. Mesoscopic Rydberg Gate Based on Electromagnetically

Induced Transparency[J]. Physical Review Letters, 2009, 102:170502-1-4.

[72] Saffman M, Mølmer K. Efficient Multiparticle Entanglement via Asymmetric Rydberg Blockade[J]. Physical Review Letters, 2009, 102:240502-1-4.

[73] Briegel H, Dür W, Cirac J I, et al. Quantum Repeaters: The Role of Imperfect Local Operations in Quantum Communication[J]. Physical Review Letters, 1998, 81:3932-3935.

[74] Duan L M, Lukin M D, Cirac J I, et al. Long-Distance Quantum Communication with Atomic Ensembles and Linear Optics[J]. Nature, 2001, 414:413-418.

[75] Zhao B, Chen Z B, Chen Y A, et al. Robust Creation of Entanglement Between Remote Memory Qubits[J]. Physical Review Letters, 2007, 98:240502-1-4.

[76] Yuan Z S, Chen Y A, Zhao B, et al. Experimental Demonstration of a BDCZ Quantum Repeater Node[J]. Nature, 2008, 454:1098-1101.

[77] Chen Y A, Chen S, Yuan Z S, et al. Memory-Built-in Quantum Teleportation with Photonic and Atomic Qubits[J]. Nature Physics, 2008, 4:103-107.

[78] Hammerer K, Sorensen A S, Polzik E S. Quantum Interface Between Light and Atomic Ensembles[J]. Reviews of Modern Physics, 2010, 82:1041-1093.

[79] Hwang W Y. Quantum Key Distribution with High Loss:Toward Global Secure Communication[J]. Physical Review Letters, 2003, 91:057901-1-4.

[80] Lo H K, Ma X F, Chen K. Decoy State Quantum key Distribution[J]. Physical Review Letters, 2005, 94:230504-1-4.

[81] Wang X B. Decoy-State Protocol for Quantum Cryptography with Four Different Intensities of Coherent light[J]. Physical Review A, 2005, 72:012322-1-6.

[82] Nauerth S, Fürst M, Schmitt-Manderbach T, et al. Information Leakage via Side Channels in Freespace BB84 Quantum Cryptography[J]. New Journal of Physics, 2009, 11:065001-1-8.

[83] Porras D, Cirac J I. Collective Generation of Quantum States of Light by Entangled Atoms[J]. Phys. Rev. A, 2008, 78:053816-1-14.

[84] Muller M M, Kolle A, Low R, et al. Room Temperature Rydberg Single Photon Source[J]. Physical Review A, 2013, 87(5):053412-1-5.

[85] Kitagawa M , Ueda M. Squeezed Spin States[J]. Physical Review A, 1993, 47:5138-5143.

[86] Wineland D J, Bollinger J J, Itano W M, et al. Squeezed Atomic States and Projection Noise in Spectroscopy[J]. Physical Review A, 1994, 50:67-88.

[87] Bouchoule I, Mølmer K. Spin Squeezing of Atoms by the Dipole Interaction in Virtually

Excited Rydberg States[J]. Physical Review A, 2002, 65:041803(R)-1-4.

[88] Sørensen A S, Van Der Wal C H, Childress L I, et al. Capacitive Coupling of Atomic Systems to Mesoscopic Conductors[J]. Physical Review Letters, 2004, 92:063601-1-4.

[89] Petrosyan D, Fleischhauer M. Quantum Information Processing with Single Photons and Atomic Ensembles in Microwave Coplanar Waveguide Resonators[J]. Physical Review Letters, 2008, 100:170501-1-4.

[90] Weimer H, Müller M, Lesanovsky I, et al. A Rydberg Quantum Simulator[J]. Nature Physics, 2010, 6:382-388.

[91] Weimer H, Müller M, Büchler H P, et al. Digital Quantum Simulation with Rydberg Atoms[J]. Quantum Information Processing, 2011, 10:885-906.

[92] Harris S E. Electromagnetically Induced Transparency[J]. Physics Today, 1997, 50:36-42.

[93] Harris S E, Field J E, Imamoglu A. Nonlinear Optical Processes Using Electromagnetically Induced Transparency[J]. Physical Review Letters, 1990, 64:1107-1110.

[94] Fleichhauer M, Imamoglu A, Marangos J P. Electromagnetically Induced Transparency: Optics in Coherent Media[J]. Reviews of Modern Physics, 2005, 77: 633-673.

[95] Kasapi A, Jain M, Yin G Y, et al. Electromagnetically Induced Transparency: Propagation Dynamics[J]. Physical Review Letters, 1995, 74:2447-2450.

[96] Hau L V, Harris S E, Dutton Z, et al. Light Speed Reduction to 17 Metres Per Second in an Ultracold Atomic Gas[J]. Nature, 1999, 397:594-598.

[97] Kash M M, Sautenkov V A, Zibrov A S, et al. Ultraslow Group Velocity and Enhanced Nonlinear Optical Effects in a Coherently Driven Hot Atomic Gas[J]. Physical Review Letters, 1999, 82:5229-5232.

[98] Cui C L, Jia J K, Gao J W, et al. Ultraslow and Superluminal Light Propagation in a Four-Level Atomic System[J]. Physical Review A, 2007, 76:033815-1-6.

[99] Budker D, Kimball D F, Rochester S M, et al. Nonlinear Magneto-Optics and Reduced Group Velocity of Light in Atomic Vapor with Slow Ground State Relaxation[J]. Physical Review Letters, 1999, 83:1767-1770.

[100] Liu C, Dutton Z, Behroozi C H, et al. Observation of Coherent Optical Information Storage in an Atomic Medium Using Halted Light Pulses[J]. Nature, 2001, 409:490-493.

[101] Phillips D F, Fleichhauer M, Mair A, et al. Storage of Light in Atomic Vapor[J]. Physical Review Letters, 2001, 86:783-786.

[102] Lukin M D. Colloquium: Trapping and Manipulating Photon States in Atomic Ensembles[J]. Reviews of Modern Physics, 2003, 75:457-472.

[103] Fleischhauer M, Lukin M D. Dark-State Polaritons in Electromagnetically Induced Transparency[J]. Physical Review Letters, 2000, 84:5094-5097.

[104] Simon C, Afzelius M, Appel J, et al. Quantum Memories[J]. The European Physical Journal D, 2010, 58:1-22.

[105] Eisaman M D, Andre A, Massou M, et al. Electromagnetically Induced Transparency with Tunable Single-Photon Pulses[J]. Nature, 2005, 438:837-841.

[106] Chanelière T, Matsukevich D N, Jenkins S D, et al. Storage and Retrieval of Single Photons Transmitted Between Remote Quantum Memories[J]. Nature, 2005, 438:833-836.

[107] Ling H Y, Li Y Q, Xiao M. Electromagnetically Induced Grating:Homogeneously Broadened Medium[J]. Physical Review A, 1998, 57:1338-1344.

[108] Kuang S Q, Wan R G, Du P, et al. Transmission and Reflection of Electromagnetically Induced Absorption Grating in Homogeneous Atomic Media[J]. Optics Express, 2008, 16:15455-15462.

[109] De Araujo L E E. Electromagnetically Induced Phase Grating[J]. Optics Letters, 2010, 35:977-979.

[110] Artoni M, Lanbsprocca G C. Optically Tunable Photonic Stop Bands in Homogeneous Absorbing Media[J]. Physical Review Letters, 2006, 96:073905-1-4.

[111] He Q Y, Xue Y, Artoni M, et al. Coherently Induced Stop-Bands in Resonantly Absorbing and Inhomogeneously Broadened Doped Crystals[J]. Physical Review B, 2006, 73:195124-1-7.

[112] He Q Y, Wu J H, Wang T J, et al. Dynamic Control of the Photonic Stop Bands Formed By a Standing Wave in Inhomogeneous Broadening Solids[J]. Physical Review A, 2006, 73:053813-1-6.

[113] Wu J H, Larocca G C, Artoni M. Controlled Light-Pulse Propagation in Driven Color Centers in Diamond[J]. Physical Review B, 2008, 77:113106-1-4.

[114] Schmidt H, Ram R J. All-Optical Wavelength Converter and Switch Based on Electromagnetically Induced Transparency[J]. Applied Physics Letters, 2000, 76:3173-3175.

[115] Brown A W, Xiao M. All-Optical Switching and Routing Based on an Electromagnetically Induced Absorption Grating[J]. Optics Letters, 2005, 30:699-701.

[116] Friedler I, Petrosyan D, Fleischhauer M, et al. Long-Range Interactions and Entanglement of Slow Single-Photon Pulses[J]. Physical Review A, 2005, 72(4):043803-1-4.

[117] Mohapatra A K, Jackson T R, Adams C S. Coherent Optical Detection of Highly Excited Rydberg States Using Electromagnetically Induced Transparency[J]. Physical Review Letters,

2007, 98:113003-1-4.

[118] Mauger S, Millen J, Jones M P A. Spectroscopy of Strontium Rydberg States Using Electromagnetically Induced Transparency[J]. Journal of Physics B: Atomic, Molecular and Optical Physics, 2007, 40:F319-F325.

[119] Abel R P, Mohapatra A K, Bason M G, et al. Laser Frequency Stabilization to Excited State Transitions Using Electromagnetically Induced Transparency in a Cascade System[J]. Applied Physics Letters, 2009, 94:071107-1-3.

[120] Weatherill K J, Pritchard J D, Abel R P, et al. Electromagnetically Induced Transparency of an Interacting Cold Rydberg Ensemble[J]. Journal of Physics B: Atomic, Molecular and Optical Physics, 2008, 41:201002-1-5.

[121] Bason M G, Mohapatra A K, Weatherill K J, et al. Electro-Optic Control of Atom-Light Interactions Using Rydberg Dark-State Polaritons[J]. Physical Review A, 2008, 77:032305-1-4.

[122] Bason M G, Tanasittikosol M, Sargsyan A, et al. Enhanced Electric Field Sensitivity of Rf-Dressed Rydberg Dark States[J]. New Journal of Physics, 2010, 12:065015-1-11.

[123] Tauschinsky A, Thijssen R M T, Whitlock S, et al. Spatially Resolved Excitation of Rydberg Atoms and Surface Effects on an Atom Chip[J]. Physical Review A, 2010, 81:063411-1-5.

[124] Kübler H, Shaffer J P, Baluktsian T, et al. Coherent Excitation of Rydberg Atoms in Micrometresized Atomic Vapour Cells[J]. Nature Photonics, 2010, 4:112-116.

[125] Raitzsch U, Heidemann R, Weimer H, et al. Investigation of Dephasing Rates in an Interacting Rydberg Gas[J]. New Journal of Physics, 2009, 11:055014-1-13.

[126] Pritchard J D, Maxwell D, Gauguet A, et al. Cooperative Atom-Light Interaction in a Blockaded Rydberg Ensemble[J]. Physical Review Letters, 2010, 105:193603-1-4.

[127] Ates C, Sevinçli S, Pohl T. Electromagnetically Induced Transparency in Strongly Interacting Rydberg Gases[J]. Physical Review A, 2011, 83:041802(R)-1-4.

[128] Sevinçli S, Henkel N, Ates C, et al. Nonlocal Nonlinear Optics in Cold Rydberg Gases[J]. Physical Review Letters, 2011, 107:153001-1-5.

[129] Petrosyan D, Otterbach J, Fleischhauer M. Electromagnetically Induced Transparency with Rydberg Atoms[J]. Physical Review Letters, 2011, 107:213601-1-5.

[130] Yan D, Liu Y M, Bao Q Q, et al. Electromagnetically Induced Transparency in an Inverted-Y System of Interacting Cold Atoms[J]. Physics Review A, 2012, 86:023828-1-5.

[131] Yan D, Cui C L, Liu Y M, et al. Normal and Abnormal Nonlinear Electromagnetically Induced Transparency Due to Dipole Blockade of Rydberg Exciation[J]. Physics Review A, 2013, 87:023827-1-6.

[132] Peyronel T, Firstenberg O, Liang Q-Y, et al. Quantum Nonlinear Optics[J]. Nature, 2012, 488:57-60.

[133] Walker T G. Quantum Optics: Strongly Interacting Photons[J]. Nature, 2012, 488:39-40.

第 2 章　物理背景与理论基础

2.1　里德堡原子

里德堡原子的最外层价电子被激发到主量子数 n 很大的高激发态。当主量子数 $n \gg 1$ 时，最外层价电子距原子实（原子核和其他电子）很远，原子实和最外层价电子之间具有较弱的库仑相互作用，这样的结构使得里德堡原子表现出一些独特的性质。里德堡原子具有较大的半径和碰撞截面，且电偶极矩大、寿命长，极易受外电场和其他里德堡原子的影响，利用该特点可以实现外场对原子间相互作用的操控。由于里德堡原子的大多数特性依赖主量子数 n，所以可以通过激发电子到不同的激发态来制备满足不同需求的里德堡原子。下面详细介绍里德堡原子的基本性质、碱金属里德堡态、里德堡原子的寿命及里德堡原子的相互作用。

2.1.1　基本性质

里德堡原子是由瑞典物理学家里德堡提出的，其束缚能量遵循简单的经验公式——里德堡公式[1]，即

$$E_n = -\frac{\mathrm{Ry}}{n^2} \tag{2.1}$$

式中，n 为主量子数；Ry 为系统的里德堡常数。1913 年，随着以此为理论基础的原子玻尔模型的建立，n 被进一步确定，并根据基本的物理常数给出了里

德堡常数[2]和电子的轨道半径。

里德堡常数为

$$\mathrm{Ry}=\frac{Z^2e^4m_\mathrm{e}}{16\pi^2\varepsilon_0^2\hbar^2} \tag{2.2}$$

式中，Z 为原子序数；e 为电子的电量；m_e 为电子的质量；ε_0 为真空的介电常数；$\hbar$ 为约化的普朗克常数。

电子的轨道半径为

$$r_n=\frac{4\pi\hbar^2n^2}{m_\mathrm{e}e^2}=a_0n^2 \tag{2.3}$$

式中，a_0 为波尔半径。与基态原子相比，里德堡原子的轨道半径非常大。在轨道角动量较小的情况下，电子的轨道半径正比于 n^2，电偶极矩与 n^2 成正比[3]；而当主量子数 $n\gg 1$ 时，电偶极矩与 n^4 成正比[4]。一旦处于高激发态的里德堡原子受外场作用，其电偶极矩就会被强烈地放大，使得在微米范围内就能直接观察到原子间的偶极—偶极相互作用，同时有很高的极化率（正比于 n^7），根据这个特点可以利用外场实现对里德堡态的量子相干操控。此外，里德堡原子的辐射寿命长（正比于 n^3），在不受外界干扰的情况下，一般可达几十微秒甚至更长。结合这些特点，可以利用里德堡原子进行量子逻辑运算[4]。

2.1.2 碱金属里德堡态

碱金属原子与氢原子类似，最外层只有一个价电子，该价电子与正的原子实之间存在库仑相互作用，因此很多问题可以用氢原子或类氢原子模型进行处理。不同的是，碱金属原子为多电子结构，与氢原子的区别主要表现在满壳层电子对价电子的影响上。对于远离原子实且具有较大的轨道角动量的价电子而言，其运动轨道与氢原子相应电子轨道的近似程度较好，对应能级也接近相应的氢原子能级。对于低轨道角动量态（$l\leqslant 3$），由于价电子轨道为椭圆形且能够贯穿满壳层，所以核电荷在短程范围内偏离库仑势中心，同时导致内层电子被极化。原子实极化和轨道贯穿的共同作用使轨道角动量的能量减小，这样碱金属里德堡态的性质就由有效主量子数 n^* 决定。有效主量子数为

$$n^* = n - \delta_{n,j,l} \tag{2.4}$$

式中，$\delta_{n,j,l}$ 为量子亏损。实际上，量子亏损往往依赖主量子数 n。因为 S 态具有显著的原子核贯穿效果，所以它的量子亏损最大。通过测量光谱可以得到计算量子亏损的经验公式——Rydberg-Rietz 公式[5]，即

$$\delta_{n,j,l} = \sum_{i=0,2,4,\cdots} \frac{\delta_i}{(n-\delta_i)^i} \tag{2.5}$$

式中，δ_i 为依赖 j 和 l 的各级常数，可以通过实验测得。对于铷原子，S 态、P 态、D 态和 F 态的量子亏损已经通过冷原子云测得，因此根据量子亏损理论，可以得到修正的精确计算碱金属原子能的公式，即

$$E_{n^*} = -\frac{\mathrm{Ry}}{(n^*)^2} \tag{2.6}$$

2.1.3　里德堡原子的寿命

在二能级原子系统中，$|nl\rangle \to |n'l'\rangle$ 自发弛豫的概率由爱因斯坦系数给出，爱因斯坦系数为

$$A_{nl\to n'l'} = \frac{\omega_{nl\to n'l'}^3}{3\pi\varepsilon_0\hbar c^3}|d|^2 \tag{2.7}$$

式中，$\omega_{nl\to n'l'} = (E_{n'l'} - E_{nl})/\hbar$ 为跃迁频率；$d = \langle n'l'|e\hat{r}|nl\rangle$ 为跃迁偶极矩。量子态的辐射寿命与爱因斯坦系数成反比，因此有

$$\tau(nl) = \frac{1}{A_{nl\to n'l'}} \tag{2.8}$$

对于里德堡态而言，它可以向许多较低的能级弛豫，因此总弛豫效果应考

虑所有实际存在的弛豫通道，弛豫时间为

$$\tau_{\mathrm{rad}} = \frac{1}{\sum_{n'l'} A_{nl\to n'l'}} \tag{2.9}$$

爱因斯坦系数中含有 $\omega_{nl\to n'l'}^3$ 项，意味着除跃迁偶极矩带来影响外，起主要作用的还有里德堡态到基态或偶极允许的最低能级的弛豫通道。例如，*nS* 能级往往弛豫到 *nP* 能级（$5P_{3/2}$ 和 $5P_{1/2}$）。由于能级间隔与 n^{-3} 成正比，所以根据 $\omega_{nl\to n'l'}^3$ 可知里德堡原子的能级寿命为微秒级。在量子信息领域，这样长的能级寿命有利于实现对里德堡原子的相干操控。

20 世纪 70 年代，研究人员开始对铷原子的 *nS* [6]、*nP* [7]、*nD* [6]和 *nF* [8]能级寿命进行测量。但是由于实验样品为热原子气体，碰撞和超辐射限制了测量精度[9]，所以测得的值偏小。近期，人们利用超冷原子样品测量了主量子数 $31 < n < 45$ [10]和 $26 < n < 30$ [11-12]的铷原子的能级寿命[10-12]，结果表明能级寿命与有效主量子数的关系为

$$\tau_{\mathrm{rad}} = \tau'(n^*)^{\gamma} \tag{2.10}$$

式（2.10）往往与式（2.9）存在偏差。例如，通过计算所有到最低能级的自发弛豫，可以得到铷原子 $43S_{1/2}$ 能级的寿命为 80μs，而利用经验公式计算得到的结果为 100μs，这里 $\tau' = 1.44\mu s$，$\gamma = 3$。

在一般情况下，黑体辐射会导致低频的偶极允许跃迁数量增多。考虑黑体辐射的影响，得到计算能级寿命的修正公式[13]，即

$$\frac{1}{\tau} = \frac{1}{\tau_{\mathrm{T=0}}} + \frac{1}{\tau_{\mathrm{bb}}} \tag{2.11}$$

式中，$\tau_{\mathrm{T=0}}$ 为绝对零度的能级寿命，黑体辐射引起的寿命修正为

$$\tau_{\mathrm{bb}} = \frac{3h(n^*)^2}{4\alpha^3 \mid k_{\mathrm{B}} T} \tag{2.12}$$

式中，α 为精细结构系数；k_B 为玻尔兹曼常数；T 为开氏温度。由式（2.11）可知，只要不处于绝对零度状态，黑体辐射就会缩短里德堡态的能级寿命，这与实验结果是相符的。

2.1.4 里德堡原子的相互作用

里德堡原子间存在强烈的长程偶极—偶极相互作用，这使得其在量子信息和量子多体领域有重要应用。与其他偶极系统（如偶极分子[14-15]系统）相比，里德堡原子最大的优点是能够通过选择主量子数来控制强度、符号及空间依赖关系，除此之外，还能通过操控原子回到基态来消除原子间的相互作用。下面介绍偶极—偶极相互作用的基本原理，如图 2.1 所示，间距为 $\vec{R}$ 的一对原子最初处在态 $|r\rangle = |n,l,j,m_j\rangle$ 上，如图 2.1（a）所示，系统的偶极—偶极相互作用能量（原子单位）为

$$V(\vec{R}) = \frac{\vec{\mu}_1\vec{\mu}_2}{R^3} - \frac{3\vec{\mu}_1\vec{R}\vec{\mu}_2\vec{R}}{R^5} \tag{2.13}$$

式中，$\vec{\mu}_1$ 和 $\vec{\mu}_2$ 分别为 $|r\rangle$ 到 $|r'\rangle$ 和 $|r''\rangle$ 的电偶极矩。如果 $\vec{R}$ 沿 z 轴方向（$\theta = 0°$），则偶极—偶极相互作用可以简化为

$$V(R) = \frac{\mu_{1-}\mu_{2+} + \mu_{1+}\mu_{2-} - 2\mu_{1z}\mu_{2z}}{R^3} \tag{2.14}$$

式中，μ_{is} 为原子 $i = \{1,2\}$ 的电偶极矩，下标 $s = \{-, z, +\}$ 分别对应 $\{\sigma^+, \pi, \sigma^-\}$ 跃迁，$\mu_{i+} = \frac{1}{\sqrt{2}}(\mu_{ix} + i\mu_{iy})$，$\mu_{i-} = \frac{1}{\sqrt{2}}(\mu_{ix} - i\mu_{iy})$，$\mu_{ix}$、$\mu_{iy}$ 和 μ_{iz} 分别为电偶极矩在 x 轴、y 轴和 z 轴方向的分量。这里总角动量保持不变，即 $M = m_{j1} + m_{j2}$。

为了计算偶极—偶极相互作用引起的能级移动，需要将单原子表象转化为双原子表象。如图 2.1（b）所示，双原子态 $|rr\rangle$ 通过 $V(R)$ 耦合 $|r'r''\rangle$，产生能级亏损，即

$$\varDelta = W_{|r'\rangle} + W_{|r''\rangle} - 2W_{|r\rangle} \tag{2.15}$$

能级亏损表示距离无限远的两个原子态的能量差。

以$|rr\rangle$和$|r'r''\rangle$为基矢，描述偶极—偶极相互作用的哈密顿量可以表示为

$$\boldsymbol{H}=\begin{bmatrix}0 & V(R)\\ V(R) & \varDelta\end{bmatrix} \tag{2.16}$$

哈密顿量的本征值为

$$\lambda_{\pm}=\frac{\varDelta\pm\sqrt{\varDelta^2+4V(R)^2}}{2} \tag{2.17}$$

由式（2.17）可知，双原子态的能量依赖两个原子间的距离R。

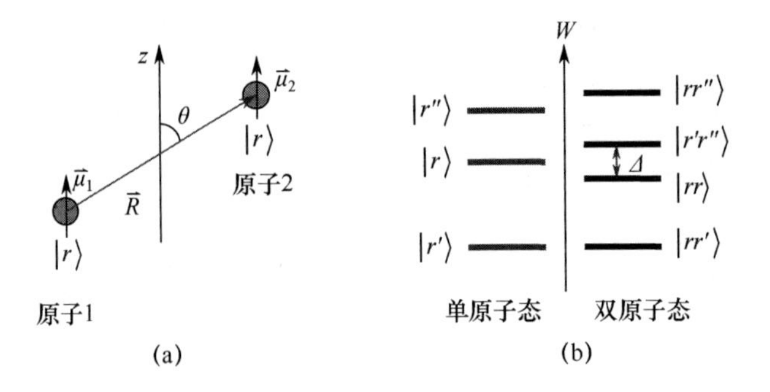

图 2.1　偶极—偶极相互作用的基本原理

下面进一步讨论两种情况下的相互作用势的具体形式。

（1）长程相互作用强度（$V(R)\ll\varDelta$）为

$$\Delta W=-\frac{V(R)^2}{\varDelta}=-\frac{C_6}{R^6} \tag{2.18}$$

式（2.18）描述的是范德瓦耳斯（vdW）机制。在这种情况下，相互作用强度由参数C_6决定，$C_6\propto(n^*)^{11}$，$V(R)\propto\mu^2\propto(n^*)^4$，$\varDelta\propto(n^*)^3$。

（2）短程相互作用强度（$V(R)\gg\varDelta$）为

$$\Delta W = \pm V(R) = \pm \frac{C_3}{R^3} \tag{2.19}$$

式（2.19）描述的是共振的偶极机制，其中 $C_3 \propto (n^*)^4$。由式（2.19）中 ΔW 与 $1/R^3$ 的关系可以看出，该机制与电偶极子有一定联系。由式（2.18）和式（2.19）可知，当满足 $V(R_{\mathrm{vdW}}) = \varDelta$ 时，这两种物理机制会发生变化，$R_{\mathrm{vdW}} = \sqrt[6]{|C_6 / \varDelta|} \propto (n^*)^{7/3}$ 为范德瓦耳斯半径。

在多原子系统中，这两种物理机制最明显的差异是最近邻原子对偶极—偶极相互作用的贡献。两种物理机制如图 2.2 所示，图 2.2（a）表示在范德瓦耳斯机制下，最近邻原子间的相互作用占主导地位；图 2.2（b）表示在共振的偶极机制下，周围原子的作用是相等的。对于均匀样品，其原子密度为 ρ，原子平均间距为 $R_{\mathrm{avg}} = (5/9)\rho^{-1/3}$。假设其为最近邻距离，则原子间的两两相互作用势为 $V_{\mathrm{pair}} = V(R_{\mathrm{avg}})$，这时系统中其他原子对偶极—偶极相互作用的贡献为

$$V_{\mathrm{s}} = \int_{R_{\mathrm{avg}}}^{\infty} \rho V(R) 4\pi R^2 \mathrm{d}R \tag{2.20}$$

在范德瓦耳斯机制下，有 $V_{\mathrm{s}} \simeq 0.7 V_{\mathrm{pair}}$，这表明最近邻原子间的相互作用占主导地位，因此可以把多原子系统看作由相互作用的原子对组成。然而，在共振的偶极机制下，式（2.20）中的积分是发散的，这意味着周围原子的贡献远大于最近邻原子的贡献，因此在实际问题中要考虑周围原子的影响[16]。

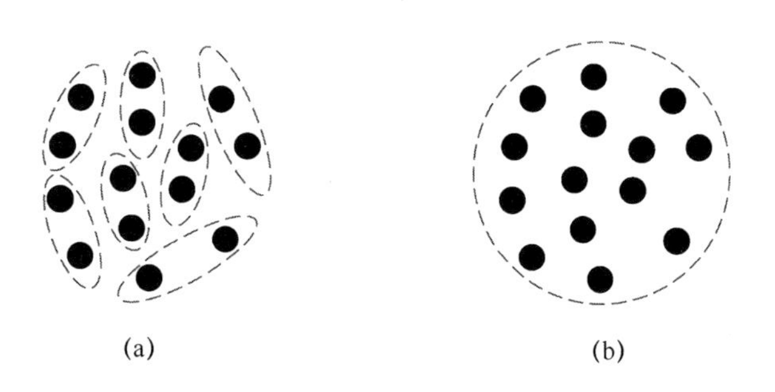

图 2.2　两种物理机制

2.2 光与二能级原子系统的相互作用

在量子光学领域，了解相干电磁场与原子的相互作用是研究原子相干现象的基础。处理光和物质的相互作用可以在两种基本框架下进行：半经典理论和全量子理论[17]。在半经典理论中，往往用薛定谔方程描述量子化的原子系统，而经典光场则由麦克斯韦方程描述，可以通过考察原子的性质来获取系统的量子特性。在全量子理论中，光场和原子都是量子化的，其运动规律遵循薛定谔方程，这样处理的好处是能够全面地获取系统的量子特性，如光子之间、原子之间及光和原子之间的量子关联信息。实际上，为达到特定目的，还可以采用一些杂合处理方法。例如，当几个具有不同强度的光场作用于同一个原子系统时，根据具体研究目标，可以将较弱的场和原子视为量子化的，将强耦合场看作经典光场，这样做的好处是能最大限度地保留弱场光子的量子特性[18]。从结构上看，这种手段仍属于半经典理论，但是靠近了全量子理论。

在后续内容中，我们应用半经典理论分别给出光与独立原子系综及光与里德堡原子系综相互作用的基本方程，利用这些基本方程考察其原子激发行为的区别和联系。尽管三能级原子系统的光学响应比较丰富，存在典型的 EIT 现象，但是我们本着简化分析（考虑原子间的相互作用，增加一个能级会导致方程和手段变得特别复杂）和强化物理本质的目的，主要介绍光与二能级原子系统的相互作用。至于更复杂的情况，如复杂的原子能级结构和采取近似理论处理多体问题等内容会在后面的章节中进行讨论。

2.2.1 独立原子系综

光与二能级原子系统的相互作用如图 2.3 所示。在图 2.3（a）中，$|1\rangle$ 为基态，$|e\rangle$ 为中间激发态，由于原子间没有相互作用，所以可以用单原子表象来

描述系统的动力学行为。我们知道，量子相干在量子光学中具有非常重要的地位，因此在刻画系统的量子态时，应该考虑相干方面的信息。另外，考虑到能级寿命和原子间碰撞，在实际物理过程中会发生弛豫行为。综上所述，任意时刻原子的状态用密度矩阵形式表示，即

$$\boldsymbol{\rho}=\begin{bmatrix}\rho_{11} & \rho_{1e}\\ \rho_{e1} & \rho_{ee}\end{bmatrix} \tag{2.21}$$

式中，$\rho_{11}=\langle 1|\rho|1\rangle$ 和 $\rho_{ee}=\langle e|\rho|e\rangle$ 分别为基态和中间激发态的原子布居，而 $\rho_{1e}=\langle 1|\rho|e\rangle=\rho_{e1}^{*}=\langle e|\rho|1\rangle^{*}$ 为二能级原子系统的相干项。

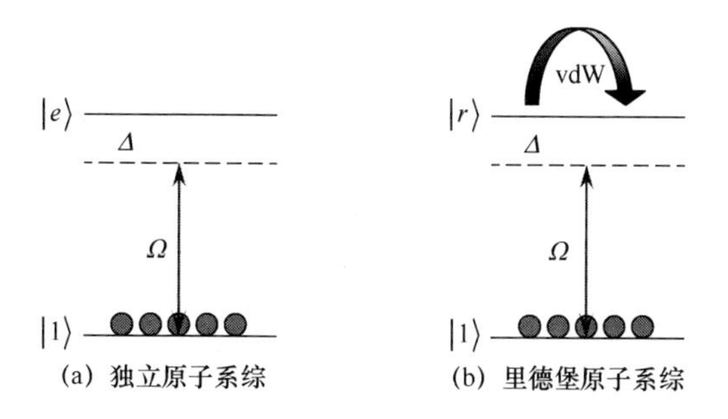

图 2.3　光与二能级原子系统的相互作用

如果原子系综被频率为 ω、拉比频率为 $\Omega=\bar{E}\bar{\mu}/2\hbar$ 的经典光激发，那么在偶极近似和旋波近似下，系统的哈密顿量为

$$\boldsymbol{H}_{\text{af}}=-\hbar\begin{bmatrix}0 & \Omega^{*}\\ \Omega & \Delta\end{bmatrix} \tag{2.22}$$

式中，$\Delta=\omega-\omega_{e1}$ 为单光子失谐。

在相互作用绘景中，密度矩阵元满足的光学 bloch 方程为

$$\partial_{t}\rho=-\frac{i}{\hbar}[H_{\text{af}},\rho]+\Lambda\rho \tag{2.23}$$

式中，Λ 为耗散项，可以唯象地写出。这样可以根据式（2.22）和式（2.23）具体写出密度矩阵元满足的方程，即

$$\begin{cases}\partial_t\rho_{11}=i(\varOmega^*\rho_{e1}-\varOmega\rho_{1e})+\varGamma_e\rho_{ee}\\ \partial_t\rho_{1e}=-i(\varDelta-i\gamma_e)\rho_{1e}+i\varOmega^*(\rho_{ee}-\rho_{11})\end{cases} \tag{2.24}$$

式中，相干项 $\rho_{1e}=\rho_{e1}^*$，原子布居满足归一化条件 $\rho_{11}+\rho_{ee}=1$。$\varGamma_e$ 和 γ_e 分别为中间激发态 $|e\rangle$ 的自发弛豫速率和中间激发态 $|e\rangle$ 到基态 $|1\rangle$ 的退相位速率，满足 $\gamma_e=\varGamma_e/2$。

给定系统初始状态，根据式（2.24）可以考察原子的激发行为及相干的瞬态动力学性质。二能级原子系统的原子布居演化曲线如图 2.4 所示。可以看出，当不考虑弛豫时，原子布居表现为周期性振荡行为；当考虑弛豫时，经过短暂的指数衰减，最终原子会分别布居在两个能级上，达到稳态。在图 2.4（b）中，布居数稳定在 0.5 意味着原子跃迁已经饱和。

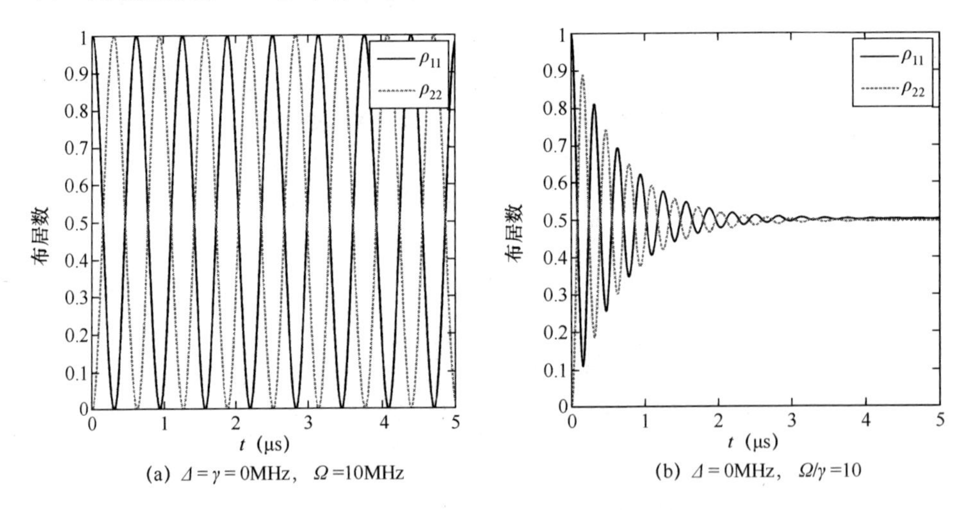

图 2.4　二能级原子系统的原子布居演化曲线

令式（2.24）中的微分方程左侧等于零，可以得到稳态解

$$\boldsymbol{\rho}^{ss}=\frac{1}{\varDelta^2+\gamma_e^2+2|\varOmega|^2}\begin{pmatrix}\varDelta^2+\gamma_e^2+|\varOmega|^2 & -(\varDelta+i\gamma_e)\varOmega^*\\ -(\varDelta-i\gamma_e)\varOmega & |\varOmega|^2\end{pmatrix} \tag{2.25}$$

在稳态解的基础上，我们可以研究介质的稳态光学响应，如根据极化率获取它的吸收光谱和色散光谱等。

总之，通过研究光与二能级原子系统的相互作用，我们掌握了进行相关研究的基本手段和方法，为考察复杂的原子激发行为及其光学响应奠定了基础。

2.2.2 里德堡原子系综

对于一个原子系综，如果原子间存在偶极作用，那么光与该原子系综的相互作用会变得非常复杂。在图 2.3（b）中，$|r\rangle$ 为里德堡态。如果系统中有 N 个二能级原子，那么当两个原子同时被激发到里德堡态 $|r\rangle$ 时，原子间的作用形式为 vdW 相互作用。

在光场的驱动下，系统的哈密顿量为

$$H = H_{\mathrm{AF}} + H_{\mathrm{vdW}} \tag{2.26}$$

式中，$H_{\mathrm{AF}} = \sum_{i}^{N} H_{\mathrm{af}}^{i} = -\hbar \sum_{i}^{N} \Omega_i |r\rangle_i \langle 1| + \Omega_i^* |1\rangle_i \langle r| + \Delta_i |r\rangle_i \langle r|$ 代表 N 个原子与光的相互作用的哈密顿量，而单原子与光的相互作用的哈密顿量与式（2.22）一致。原子间两体 vdW 相互作用的哈密顿量为

$$H_{\mathrm{vdW}} = \hbar \sum_{i<j}^{N} V_{ij} |rr\rangle_{ij} \langle rr| \tag{2.27}$$

式中，V_{ij} 为各原子的 vdW 作用势。现在只考虑有两个原子（A 和 B）的情况，则系统的哈密顿量在双原子基矢$\{|11\rangle$、$|1r\rangle$、$|r1\rangle$、$|rr\rangle\}$下的矩阵表示为

$$\boldsymbol{H} = -\hbar \begin{pmatrix} 0 & \Omega^* & \Omega^* & 0 \\ \Omega & \Delta & 0 & \Omega^* \\ \Omega & 0 & \Delta & \Omega^* \\ 0 & \Omega & \Omega & 2\Delta - V \end{pmatrix} \tag{2.28}$$

式中，V 为 vdW 作用势。

对比式（2.22）和式（2.28）可以看出，随着原子数的增加，多体哈密顿量的空间维数增加。因此，这种直接写出哈密顿量的方法仅适用于少体问题研

究，对于存在多原子和复杂能级结构的情况则需要采用近似手段来处理。

在双原子基矢$\{|11\rangle$、$|1r\rangle$、$|r1\rangle$、$|rr\rangle\}$下，两体系统的密度矩阵为

$$\boldsymbol{\rho}=\begin{pmatrix}\rho_{11,11} & \rho_{11,1r} & \rho_{1r,11} & \rho_{1r,1r}\\ \rho_{11,r1} & \rho_{11,rr} & \rho_{1r,r1} & \rho_{1r,rr}\\ \rho_{r1,11} & \rho_{r1,1r} & \rho_{rr,11} & \rho_{rr,1r}\\ \rho_{r1,r1} & \rho_{r1,rr} & \rho_{rr,r1} & \rho_{rr,rr}\end{pmatrix} \tag{2.29}$$

式中，$\rho_{ij,mn}$的下标ij和mn分别表示原子A和原子B的状态。

在给定式（2.28）（哈密顿量）和式（2.29）（密度矩阵）后，很容易得到双原子系统的光学bloch方程，即

$$\begin{cases}\partial_t\rho_{11,11}=i(\Omega^*\rho_{11,r1}+\Omega^*\rho_{r1,11}-\Omega\rho_{11,1r}-\Omega\rho_{1r,11})+\Gamma_r(\rho_{11,rr}+\rho_{rr,11})\\ \partial_t\rho_{11,1r}=-i(\Delta-i\gamma_r)\rho_{11,1r}+i(\Omega^*\rho_{11,rr}+\Omega^*\rho_{r1,1r}-\Omega^*\rho_{11,11}-\Omega\rho_{1r,1r})+\Gamma_r\rho_{rr,1r}\\ \partial_t\rho_{1r,11}=-i(\Delta-i\gamma_r)\rho_{1r,11}+i(\Omega^*\rho_{rr,11}+\Omega^*\rho_{1r,r1}-\Omega^*\rho_{11,11}-\Omega\rho_{1r,1r})+\Gamma_r\rho_{1r,rr}\\ \partial_t\rho_{1r,1r}=-i[(2\Delta-V)-2i\gamma_r]\rho_{1r,1r}+i(\Omega^*\rho_{rr,1r}+\Omega^*\rho_{1r,rr}-\Omega^*\rho_{1r,11}-\Omega^*\rho_{11,1r})\\ \partial_t\rho_{11,rr}=i(\Omega^*\rho_{r1,rr}-\Omega^*\rho_{11,r1}+\Omega\rho_{11,1r}-\Omega\rho_{1r,rr})+\Gamma_r(\rho_{rr,rr}-\rho_{11,rr})\\ \partial_t\rho_{1r,r1}=i(\Omega^*\rho_{rr,r1}-\Omega^*\rho_{11,r1}+\Omega\rho_{1r,11}-\Omega\rho_{1r,rr})-2\gamma_r\rho_{1r,r1}\\ \partial_t\rho_{1r,rr}=-i[(\Delta-V)-i\gamma_r]\rho_{1r,rr}+i(\Omega^*\rho_{rr,rr}-\Omega^*\rho_{11,rr}-\Omega^*\rho_{1r,r1}+\Omega\rho_{1r,1r})-\Gamma_r\rho_{1r,rr}\\ \partial_t\rho_{rr,11}=i(\Omega^*\rho_{rr,r1}-\Omega^*\rho_{r1,11}+\Omega\rho_{1r,11}-\Omega\rho_{rr,1r})+\Gamma_r(\rho_{rr,rr}-\rho_{rr,11})\\ \partial_t\rho_{rr,1r}=-i[(\Delta-V)-i\gamma_r]\rho_{rr,1r}+i(\Omega^*\rho_{rr,rr}-\Omega^*\rho_{rr,11}-\Omega^*\rho_{r1,1r}+\Omega\rho_{1r,1r})-\Gamma_r\rho_{rr,1r}\\ \partial_t\rho_{rr,rr}=i(\Omega\rho_{1r,rr}+\Omega\rho_{rr,1r}-\Omega^*\rho_{r1,rr}-\Omega^*\rho_{rr,r1})-2\Gamma_r\rho_{rr,rr}\end{cases} \tag{2.30}$$

实际上，关于密度矩阵元的微分方程有16个，考虑到相干项$\rho_{ij,mn}=(\rho_{ji,nm})^*$后去掉了6个，需要注意的是，还有归一化约束条件$\rho_{11,11}+\rho_{11,rr}+\rho_{rr,11}+\rho_{rr,rr}=1$。这个约束条件与单原子密度矩阵满足的归一化条件是不冲突的，它恰恰来自单原子情况下的归一化条件，即$(\rho_{11}^{A}+\rho_{rr}^{A})(\rho_{11}^{B}+\rho_{rr}^{B})=\rho_{11}^{A}\rho_{11}^{B}+\rho_{11}^{A}\rho_{rr}^{B}+\rho_{rr}^{A}\rho_{11}^{B}+\rho_{rr}^{A}\rho_{rr}^{B}=\rho_{11,11}^{A,B}+\rho_{11,rr}^{A,B}+\rho_{rr,11}^{A,B}+\rho_{rr,rr}^{A,B}=1$。

与单原子情况类似，在得到光学bloch方程后就能考察双原子系统的瞬态动力学行为和稳态光学响应了。在光与里德堡原子相互作用的过程中，由于存

在偶极作用，所以我们需要特别关注系统的双原子激发概率 $\rho_{rr,rr}$ 和原子单激发概率 ρ_{rr}，往往有 $\rho_{rr,rr} \neq \rho_{rr}^2$。在严格的偶极阻塞效应下，$\rho_{rr,rr} < \rho_{rr}^2$；在偶极反阻塞效应下，$\rho_{rr,rr} > \rho_{rr}^2$；在单原子情况下，$\rho_{rr,rr} = \rho_{rr}^2$。单原子激发概率 ρ_{rr}、双原子激发概率 $\rho_{rr,rr}$ 及 ρ_{rr}^2 的演化曲线如图 2.5 所示。

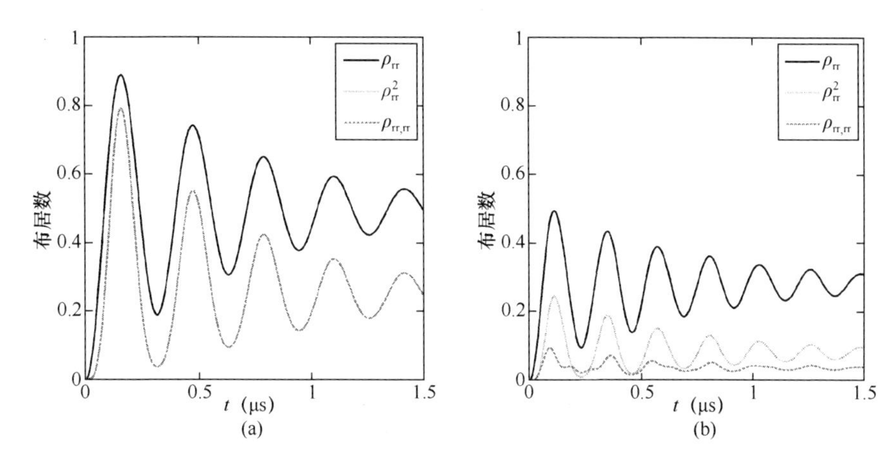

图 2.5　单原子激发概率 ρ_{rr}、双原子激发概率 $\rho_{rr,rr}$ 及 ρ_{rr}^2 的演化曲线

耦合场共振作用在原子上，即 $\varDelta = 0\,\text{MHz}$。图 2.5（a）表示不存在范德瓦耳斯作用，即 $V = 0\,\text{MHz}$；图 2.5（b）表示存在范德瓦耳斯作用，即 $V \neq 0\,\text{MHz}$。

令式（2.30）中的微分方程的左侧等于零，可以得到双原子系统的稳态密度矩阵

$$\boldsymbol{\rho}_{\text{AB}}^{\text{SS}} = \frac{1}{K}\begin{pmatrix} 4\varOmega^4 + (2\varOmega^2 + |\beta|^2)|\alpha|^2 & -2\varOmega^3\alpha^* - \varOmega|\alpha|^2\beta^* & -2\varOmega^3\alpha^* - \varOmega|\alpha|^2\beta^* & 2\varOmega^2\alpha^*\beta^* \\ -2\varOmega^3\alpha - \varOmega|\alpha|^2\beta & 4\varOmega^4 + \varOmega^2|\alpha|^2 & \varOmega^2|\alpha|^2 & -2\varOmega^3\alpha^* \\ -2\varOmega^3\alpha - \varOmega|\alpha|^2\beta & \varOmega^2|\alpha|^2 & 4\varOmega^4 + \varOmega^2|\alpha|^2 & -2\varOmega^3\alpha^* \\ 2\varOmega^2\alpha\beta & -2\varOmega^3\alpha & -2\varOmega^3\alpha & 4\varOmega^4 \end{pmatrix} \tag{2.31}$$

式中，$\alpha = (2\varDelta - V) - 2i\gamma$，$\beta = \varDelta - i\gamma$，$K = 16\varOmega^4 + (4\varOmega^2 + |\beta|^2)|\alpha|^2$。在此基础上，进一步得到描述单原子状态的密度矩阵

$$\boldsymbol{\rho}_{\text{A(B)}} = \frac{1}{K}\begin{pmatrix} 8\varOmega^4 + (3\varOmega^2 + |\beta|^2)|\alpha|^2 & -4\varOmega^3\alpha^* - \varOmega|\alpha|^2\beta^* \\ -4\varOmega^3\alpha - \varOmega|\alpha|^2\beta & 8\varOmega^4 + \varOmega^2|\alpha|^2 \end{pmatrix} \tag{2.32}$$

有了这些解析结果，一方面，可以研究 vdW 相互作用对里德堡激发的影响，另一方面，可以考察 vdW 相互作用引起的稳态量子关联行为，如光子与原子、原子与原子的纠缠及光子之间的双光子关联性质[19]。

可以看出，研究光与里德堡原子系综及光与独立原子系综的手段类似，但是在存在多原子及复杂能级结构的情况下，难以精确求解。

2.3 偶极阻塞效应与偶极反阻塞效应

较大的电子轨道半径决定了里德堡原子具有较大的电偶极矩和高极化率，因此里德堡原子间存在强烈的长程偶极—偶极相互作用，其强度往往比基态原子间的作用强度高几个甚至十几个数量级。里德堡原子间的排斥或吸引取决于里德堡态的轨道角动量和里德堡原子关于外电场的相对取向。对于铷原子而言，nS 能级里德堡态表现出各向同性和排斥的 vdW 相互作用，vdW 作用势为

$$V_{\mathrm{vdW}}(R)=-\frac{C_6}{R^6} \tag{2.33}$$

式中，C_6 为 vdW 系数，通过微扰理论可以求得它的值[20]。在一定条件下，强烈的 vdW 相互作用会引起里德堡激发的偶极阻塞效应[21-23]，如图 2.6 所示。需要指出的是，里德堡分子同里德堡原子一样，也存在偶极阻塞效应。

vdW 相互作用引起原子的能级移动，见图 2.6（a）。在偶极阻塞半径 $R_{\mathrm{b}}=\sqrt[6]{C_6/\hbar\Omega}$ 处的能级移动等于驱动激光场的临界线宽 $\Delta\nu$，偶极阻塞效应发生在能级移动大于临界激发线宽的情况下，即

$$-\frac{C_6}{R_{\mathrm{b}}^6}\geqslant\hbar\Delta\nu \tag{2.34}$$

当满足式（2.34）时，可以看到双原子激发被大大抑制了。

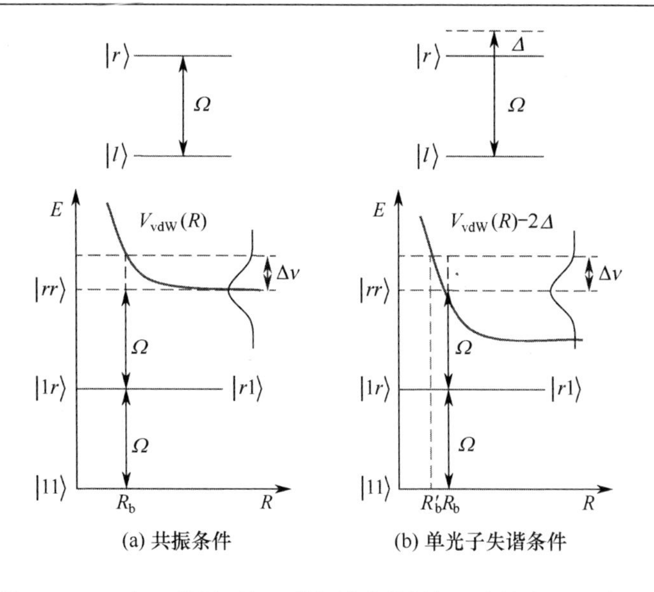

(a) 共振条件　(b) 单光子失谐条件

图 2.6　vdW 相互作用引起里德堡激发的偶极阻塞效应（双原子）

严格的偶极阻塞效应导致偶极阻塞球（半径为 R_b，体积 $V_b = 4\pi R_b^3/3$）内有且仅有一个原子被激发到里德堡态，但是不能确定是哪个原子，于是形成携带激发信息的整体效应。可以将系统的这种单原子激发态描述为单激发集体态（Collective State）[24-25]，即

$$\left|R^{(1)}\right\rangle = \frac{1}{\sqrt{N}}\sum_{i}^{N}\left|1_1,1_2,\cdots,r_i,\cdots,1_{N-1},1_N\right\rangle \tag{2.35}$$

偶极阻塞球中 N 个原子的整体行为与一个原子的行为类似，我们称这样的“大原子”为超级原子（Superatom）[26]。在超冷原子样品中，原子的平均间距为 $N^{-1/3}$，约为纳米级，而偶极阻塞半径为微米级，一般来讲，每个偶极阻塞球包含多个原子。这直接导致里德堡态的集体激发[23-25]和拉比频率的提高，其拉比频率表示为

$$\Omega_c = \sqrt{N}\Omega \tag{2.36}$$

式中，Ω 为单原子拉比频率；N 为偶极阻塞球中的原子数。对于处于基态且

原子密度较小的磁光阱捕获原子样品而言，拉比频率的提高有限（$\sqrt{N} \approx 1$），但是对于玻色—爱因斯坦凝聚样品则不然，其拉比频率可能提高到单原子拉比频率的 30 倍[27-28]。对于后者，如果单激发集体态能够映射到一个中间激发态上，那么系统会产生单光子的合作辐射现象[29]，这能大大提高原子与光之间的耦合强度，进而较好地实现原子系综间的量子通信[30]。

实际上，偶极阻塞效应的早期证据不是直接观测得到的，而是在里德堡态的共振激发过程中根据饱和效应间接验证的[31]。目前，人们已经在探测阻塞里德堡原子气体的相干激发过程中观察到了拉比频率提高的集体效应[28,32-33]。近期，两个科研小组也证明了一对原子的这种集体效应[24-25]，同时实现了双原子纠缠[34]和受控非门[35]。

当介质的尺度大于超级原子的体积时，可以将介质看作由超级原子组成。超级原子的两种排列形式如图 2.7 所示，浅色圆点代表基态原子，深色圆点代表里德堡原子，大球代表超级原子。因为里德堡原子间为排斥的 vdW 相互作用，所以超级原子间不会发生碰撞，它们要么像流体一样无关联地排列［见图 2.7（a)］，要么像晶体一样有序地排列［见图 2.7（b)］。

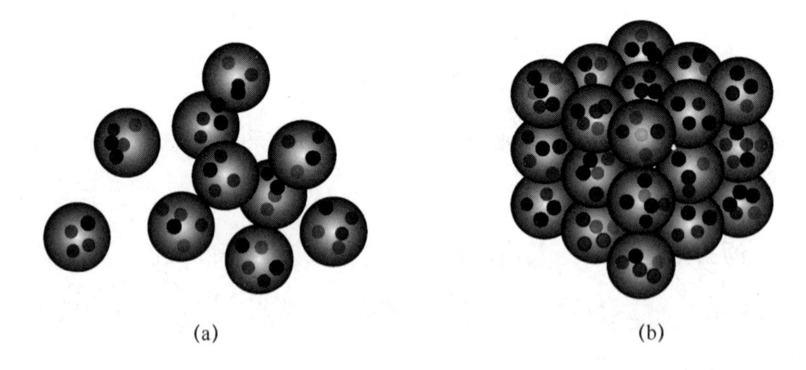

图 2.7　超级原子的两种排列形式

偶极反阻塞效应与偶极阻塞效应相反，主要表现为在适当的主量子数[36]或双光子失谐条件[37-38]下里德堡激发概率（一般指双原子激发概率）明显增大。

我们以 2.2 节中的模型为例，详细讨论这两种效应。

在偶极阻塞效应下有 $\rho_{\text{rr,rr}}/\rho_{\text{rr}}^2<1$（$\varDelta=0\,\text{MHz}$），即双原子激发被抑制。当 vdW 相互作用足够强时，双原子激发被完全抑制，这时单原子激发概率恰好为 50%，系统存在严格的偶极阻塞效应。此外，由图 2.6（a）可知，在处于阻塞区域内（$R<R_{\text{b}}$）的量子态中没有$|rr\rangle$，只有单激发集体态$\frac{1}{\sqrt{2}}(|1r\rangle+|r1\rangle)$。

偶极强度参数空间中的单原子和双原子激发如图 2.8 所示，图 2.8（a）表示单原子激发；图 2.8（b）表示双原子激发，其中，垂线部分为偶极阻塞区域，斜线部分为偶极反阻塞区域，激发态为里德堡态。

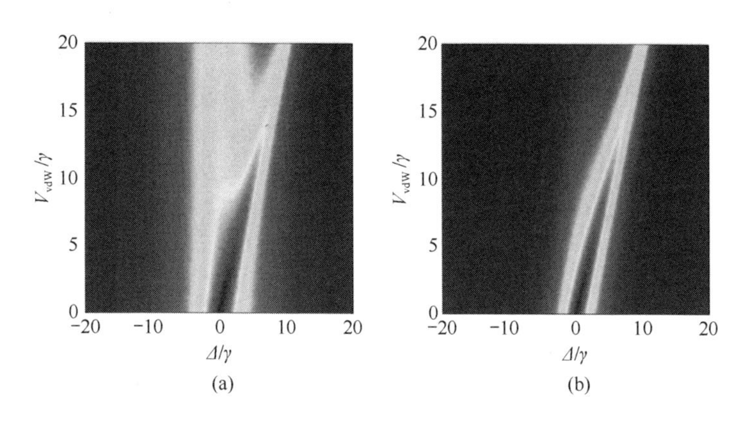

图 2.8　偶极强度参数空间中的单原子和双原子激发

双原子激发概率与单原子激发概率之比和 vdW 作用势的关系曲线如图 2.9 所示。图 2.9（a）表示偶极阻塞机制，与图 2.8（a）中的垂线部分对应；图 2.9（b）表示偶极反阻塞机制，与图 2.8（a）和图 2.8（b）中的斜线部分对应。

图 2.9（b）显示在偶极反阻塞机制下有 $\rho_{\text{rr,rr}}/\rho_{\text{rr}}^2>1$（$\varDelta=V_{\text{vdW}}/2$）。实际上，从图 2.7（b）中也可以看出双光子失谐补偿了部分能级移动，从而使双原子激发成为可能，这可以解释为一定的双光子失谐导致阻塞半径变小（$R_{\text{b}}'=\sqrt[6]{C_6/\hbar\varOmega_{\text{eff}}}$，$\varOmega_{\text{eff}}=\sqrt{\varOmega^2+4\varDelta^2}$），因此介于新、旧阻塞半径 R_{b}' 和 R_{b} 之间

的部分原子会被激发到里德堡态，从而使双原子激发概率增大。我们回顾一下式（2.28），当简单地设 $2\varDelta = V_{\mathrm{vdW}}$ 时，会减小偶极作用带来的影响，导致偶极阻塞效应失效。

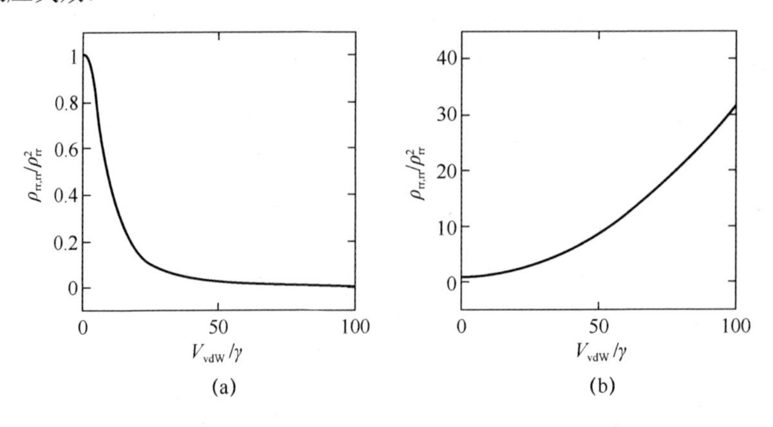

图 2.9　双原子激发概率与单原子激发概率之比和 vdW 作用势的关系曲线

2.4　原子相干效应

原子和相干电磁场相互作用产生原子相干效应，关于原子相干效应的研究在量子光学领域具有十分重要的地位和意义。本节主要介绍典型的电磁感应透明和受激拉曼绝热过程的基本原理与主要应用，涉及的内容为光和独立原子的相互作用。至于光和里德堡原子相互作用产生的量子相干效应，会在后面的章节中讨论。

2.4.1　独立原子系综的电磁感应透明

独立原子样品对探测光的吸收作用如图 2.10 所示。一般来讲，如果探测场频率接近二能级原子跃迁频率，则探测光穿过该原子样品时会产生强烈的吸收作用，见图 2.10（a）。然而，当一个强相干电磁场与第 3 个能级耦合并构成三能级 Λ 型结构时，可能会产生一个透明窗口，使探测光能够无损地穿过原子样品，这种现象被称为电磁感应透明（EIT），见图 2.10（b）。显然，在 EIT 机制下，原子样品的光学响应发生变化，不同激发路径的原子相干效应构成电磁感应透明的物理基础。

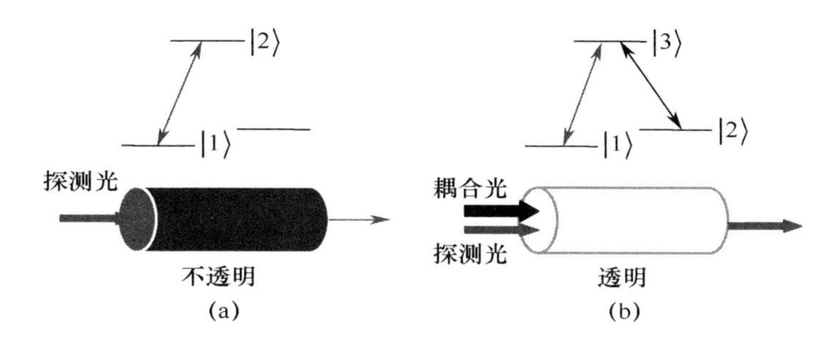

图 2.10 独立原子样品对探测光的吸收作用

可以借助暗态理论解释电磁感应透明的物理实质。在偶极近似下，系统哈密顿量为

$$\boldsymbol{H}=-\hbar\begin{pmatrix}0 & 0 & \varOmega_{\mathrm{p}}\\ 0 & \varDelta_{\mathrm{p}}-\varDelta_{\mathrm{c}} & \varOmega_{\mathrm{c}}\\ \varOmega_{\mathrm{p}} & \varOmega_{\mathrm{c}} & \varDelta_{\mathrm{p}}\end{pmatrix} \tag{2.37}$$

式中，$\varOmega_{\mathrm{p}}$ 和 $\varOmega_{\mathrm{c}}$ 分别为弱探测场和强耦合场的拉比频率（其频率分别为 ω_{p} 和 ω_{c}），$\varDelta_{\mathrm{p}}=\omega_{\mathrm{p}}-\omega_{31}$ 和 $\varDelta_{\mathrm{c}}=\omega_{\mathrm{c}}-\omega_{32}$ 分别为弱探测场和强耦合场的单光子失谐，ω_{31} 和 ω_{32} 为对应原子能级的跃迁频率。

在双光子共振（单光子探测失谐、单光子耦合失谐和双光子失谐相等，即 $\varDelta_{\mathrm{p}}=\varDelta_{\mathrm{c}}=\varDelta$）的条件下，系统本征态为[39]

$$\begin{cases}|a_+\rangle=\sin\theta\sin\phi|1\rangle+\cos\theta\sin\phi|2\rangle+\cos\phi|3\rangle\\ |a_0\rangle=\cos\theta|1\rangle-\sin\theta|2\rangle\\ |a_-\rangle=\sin\theta\cos\phi|1\rangle+\cos\theta\cos\phi|2\rangle-\sin\phi|3\rangle\end{cases} \tag{2.38}$$

式中，$\theta=\tan^{-1}(\varOmega_{\mathrm{p}}/\varOmega_{\mathrm{c}})$，$\phi=\dfrac{1}{2}\tan^{-1}\left(2\sqrt{\varOmega_{\mathrm{p}}^2+\varOmega_{\mathrm{c}}^2}/\varDelta\right)$ 为 Stückelberg 混合角（一般称 θ 为混合角）。式（2.38）中的 3 个方程分别对应本征值 $\lambda_+=$

$-\left(\Delta_p+\sqrt{\Delta_p^2+4\Omega_p^2+4\Omega_c^2}\right)/2$，$\lambda_-=-\left(\Delta_p-\sqrt{\Delta_p^2+4\Omega_p^2+4\Omega_c^2}\right)/2$ 和 $\lambda_0=0$ 的情况。可以看出，暗态$|a_0\rangle$中不含有激发态$|3\rangle$，仅由两个基态叠加而成。换句话说，如果系统制备在暗态中，则不会与入射光场相互作用，自然就不会受激发态原子自发弛豫速率Γ的影响了。

在弱探测场近似下（$\Omega_p \ll \Omega_c,\Gamma$），混合角$\theta$接近$0°$，$\cos\theta\approx 1$，$\sin\theta\approx 0$。这时在共振条件下，系统本征态变为$|a_\pm\rangle=(|2\rangle\pm|3\rangle)/\sqrt{2}$和$|a_0\rangle=|1\rangle$。可以看出，弱探测场仅耦合$|a_\pm\rangle$中的$|3\rangle$且$|3\rangle$在$|a_\pm\rangle$中的符号相反，从而使得两条激发路径$|a_+\rangle$和$|a_-\rangle$发生相消干涉，导致探测光不再被吸收，产生电磁感应透明现象。

当光通过原子介质时往往会发生衰减和色散，原子的这种光学响应可以用极化率χ来描述，它与介质的折射率n的关系为

$$n=\sqrt{1+\chi} \tag{2.39}$$

式中，极化率$\chi=\chi_R+i\chi_I$为复数，实部χ_R描述色散性质，虚部χ_I描述光的吸收作用。

极化率还可以按照电场E的幂级数展开[40]，即

$$\chi=\chi^{(1)}+\chi^{(2)}E+\chi^{(3)}E^2+\cdots \tag{2.40}$$

式中，$\chi^{(1)}$描述线性光学响应，高阶项描述非线性光学响应，如克尔效应对应$\chi^{(3)}$。电磁感应透明的典型特点是线性极化率$\chi^{(1)}=0\mathrm{C\cdot m^2/V}$，同时伴有显著的三阶非线性光学响应（$\chi^{(3)}$）。

从式（2.37）出发，能够得到密度矩阵元满足的光学 bloch 方程，对该方程进行求解即可得到稳态的极化率，即

$$\chi(\Delta_p)=\frac{N_0|\mu_{13}|^2}{\varepsilon_0\hbar}\frac{i}{-i\Delta_p+\gamma_{31}+\dfrac{\Omega_c^2}{-i(\Delta_p-\Delta_c)+\gamma_{21}}} \tag{2.41}$$

式中，N_0 为原子密度；μ_{13} 是$|1\rangle$和$|3\rangle$之间的电偶极矩；ε_0 为真空中的介电常数。由式（2.41）可知，Ω_c 对极化率的影响非常大。三能级 Λ 型原子系统在 EIT 条件下的极化率（实线）与二能级原子系统的极化率（虚线）如图 2.11 所示，图 2.11 进一步证实在共振条件下，关闭和打开强耦合场会使吸收由最大变为零，当 $\Gamma_{21}=0\text{MHz}$ 时出现完美的 EIT 窗口，同时伴有陡峭的色散。随着耦合场强度的增大，EIT 窗口变宽，形成 Autler-Townes（AT）劈裂[41]。由 Kramers-Kronig 关系可知，χ_{I} 的变化伴有 χ_{R} 的变化，这可以通过色散曲线看出，见图 2.11（e)和图 2.11（f)。

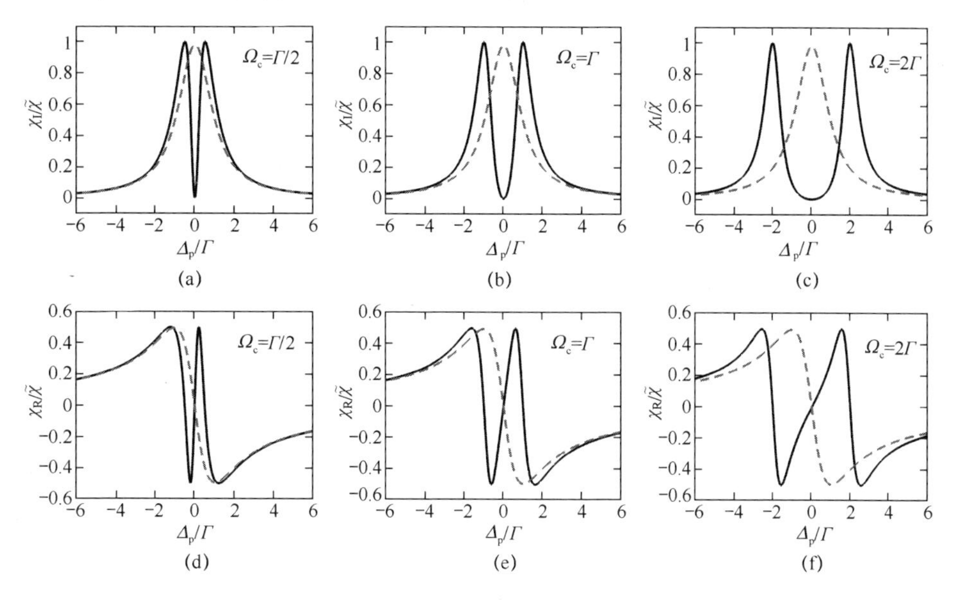

图 2.11　三能级 Λ 型原子系统在 EIT 条件下的极化率（实线）与二能级原子系统的极化率（虚线）

图 2.11（a)至图 2.11（c）为吸收曲线，图 2.11（d）至图 2.11（f）为色散曲线。$\Gamma_{31}=\Gamma_{32}=\Gamma$，$\Gamma_{21}=0\text{MHz}$，$\Omega_p=\Gamma/10$。探测场与二能级原子系统的共振极化率 $\tilde{\chi}=2N_0 d_{13}^2/\varepsilon_0\hbar\Gamma$。

利用 EIT 窗口处色散陡峭的特点，可以实现光的群速度 v_g 减慢，v_g 为

$$v_{\mathrm{g}}=\frac{c}{n+\omega_{\mathrm{p}}\dfrac{\mathrm{d}n}{\mathrm{d}\omega_{\mathrm{p}}}} \tag{2.42}$$

目前，在 BEC 中利用 EIT 技术可以使光的群速度降为 17m/s[42]，光脉冲在介质中的持续存储时间可达 1ms[43]，且已实现单光子存储[44-45]。

因为退相位会破坏暗态的相干性，所以 EIT 对退相位速率非常敏感。退相位速率对极化率的影响如图 2.12 所示，由图 2.12 可知，耦合场引起的退相位使暗态中 $|3\rangle$ 的占比提高，导致共振频率处探测光的透射被抑制，对应的色散曲线变得相对平缓。因此，要想得到较好的 EIT 现象，就要保证 $\gamma_{21} \ll \Omega_{\mathrm{c}}$，$\Gamma_{31}=\Gamma_{32}$。除退相位因素外，对于热原子而言，多普勒效应也是十分重要的，因为速度的平均会削弱双光子共振的透射光谱[46]。

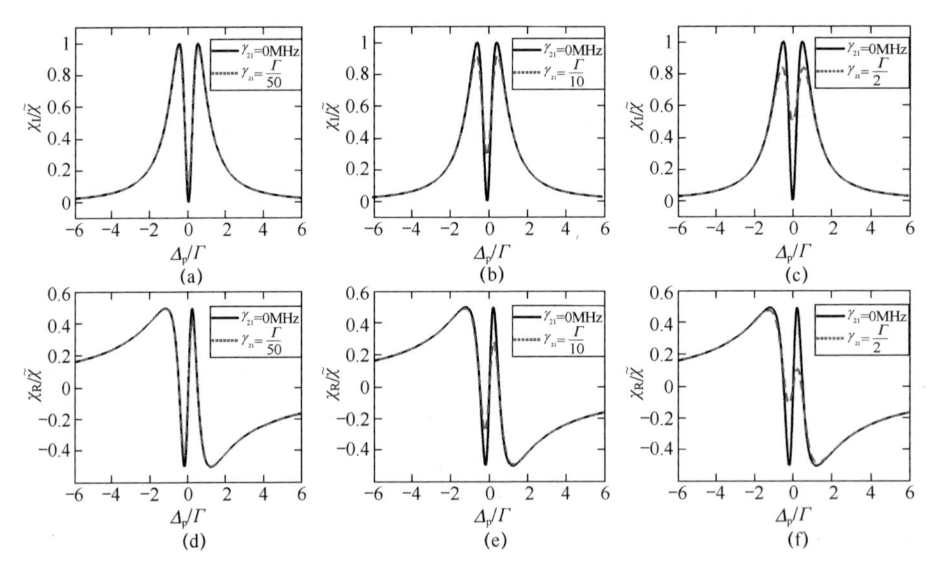

图 2.12 退相位速率对极化率的影响（$\Omega_{\mathrm{c}}=\Gamma/2$，$\Omega_{\mathrm{p}}=\Gamma/10$）

2.4.2 相互作用原子系综的电磁感应透明

目前，电磁感应透明研究[39]已经从独立原子拓展到相互作用原子，偶极—偶极相互作用会映射到 EIT 光谱上，从而产生对探测场强度和初始光子关联敏感的合作光学非线性效应[47-50]。利用这个特点，能够实现对单光子水平的光学响应和关联的灵活操控。这里研究两个三能级原子系统对光的吸收作用和光子关联性质，求解双原子系统的稳态方程，重点关注 EIT 光谱的非线性特征和二阶关联函数。通过改变单光子失谐、探测场拉比频率及相互作用强度来实现对非线性 EIT 光谱和光子统计特性的灵活操控。

三能级原子系统的模型如图 2.13 所示，$|g\rangle$ 为基态，$|e\rangle$ 为中间激发态，$|r\rangle$ 为里德堡态。频率为 ω_{p} 的弱探测场作用在跃迁 $|g\rangle\rightarrow|e\rangle$ 上，其拉比频率为 Ω_{p}，对应的单光子探测失谐为 $\Delta_{\mathrm{p}}=\omega_{\mathrm{p}}-\omega_{\mathrm{ge}}$；频率为 ω_{c} 的强耦合场作用在跃迁 $|e\rangle\rightarrow|r\rangle$ 上，其拉比频率为 Ω_{c}，对应的单光子耦合失谐为 $\Delta_{\mathrm{c}}=\omega_{\mathrm{c}}-\omega_{\mathrm{er}}$，这里 ω_{ge} 和 ω_{er} 为对应的原子跃迁频率。如果原子通过双光子过程被激发到里德堡态，则两个原子间存在强烈的偶极—偶极相互作用，这里表示为 vdW 作用势 $V(R)=\sum_{i<j}^{N}\dfrac{C_6}{R_{ij}^6}$，其中 R_{ij} 为第 i 个原子与第 j 个原子的距离，C_6 为 vdW 系数。如果系统中有 N 个原子，则在两个光场的相干驱动下，系统的哈密顿量为

$$H=H_{\mathrm{a}}+H_{\mathrm{V}} \tag{2.43}$$

前者为描述单原子与光的相互作用的哈密顿量，即

$$H_{\mathrm{a}}=-\hbar\sum_{i}^{N}\left[\Delta_{\mathrm{p}}^{(i)}|e\rangle_i\langle e|+\left(\Delta_{\mathrm{p}}^{(i)}+\Delta_{\mathrm{c}}^{(i)}\right)|r\rangle_i\langle r|\right]-\hbar\left[\sum_{i}^{N}\Omega_{\mathrm{p}}^{(i)}|e\rangle_i\langle g|+\Omega_{\mathrm{c}}^{(i)}|r\rangle_i\langle e|+\mathrm{h.c.}\right] \tag{2.44}$$

式中，h.c.表示厄密共轭。

后者为描述原子间相互作用的哈密顿量，即

$$H_{\mathrm{V}}=\hbar\sum_{i<j}^{N}\frac{C_6}{R_{ij}^6}|r\rangle_i\langle r|\otimes|r\rangle_j\langle r| \tag{2.45}$$

这里，系统哈密顿量在希尔伯特空间中的维度为 3^N，因此随着原子数的增加，越来越难以精确描述系统的性质。

式（2.46）可以描述系统的动力学演化机制。

$$\partial_t \rho = -\frac{i}{\hbar}[H,\rho] + L(\rho) \tag{2.46}$$

式中，$[H,\rho]=H\rho-\rho H$ 刻画系统的相干性，由原子弛豫γ_{e}和γ_{r}引起的非相干性则由 Lindblad 算符刻画，即

$$L(\rho)=\gamma_{\mathrm{e}}\sum_i^N\left[c_i\rho c_i^\dagger-\frac{1}{2}\{c_i^\dagger c_i,\rho\}\right]+\gamma_{\mathrm{r}}\sum_i^N\left[d_i\rho d_i^\dagger-\frac{1}{2}\{d_i^\dagger d_i,\rho\}\right] \tag{2.47}$$

式中，$\{o_i^\dagger o_i,\rho\}=o_i^\dagger o_i\rho+\rho o_i^\dagger o_i$（$o=c,d$），$c_i=|r\rangle_i\langle g|$和$d_i=|g\rangle_i\langle r|$，$o_i^\dagger$为$o_i$的厄密共轭算符。可以通过求解式（2.46）来研究系统的瞬态和稳态光谱特性和关联性质。例如，令式（2.46）左侧为零，可以得到系统的稳态解。为了刻画系统的关联性质，这里采用二阶关联函数$g^{(2)}=\rho_{\mathrm{rr,rr}}/\rho_{\mathrm{rr}}^2$，其中$\rho_{\mathrm{rr}}$和$\rho_{\mathrm{rr,rr}}$分别为单原子激发概率和双原子激发概率。$g^{(2)}=1$、$g^{(2)}<1$和$g^{(2)}>1$分别对应经典光子、反聚束光子和聚束光子。

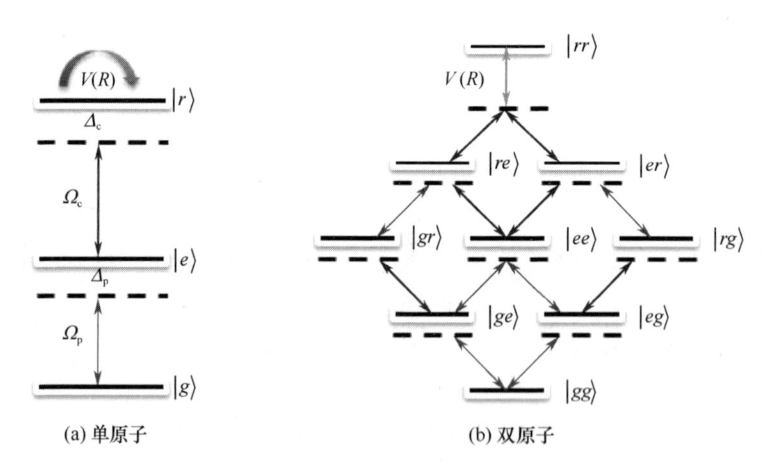

图 2.13　三能级原子系统的模型

如图 2.13（b）所示，当两个原子处于里德堡态时，原子间存在依赖原子间距的相互作用势，可以将由这个相互作用势引起的能级移动看作双光子失谐，存在于$|gg\rangle\to|rr\rangle$的相干跃迁过程中。在计算中，选取实际的实验参数，

即在超冷铷原子中选取 $|g\rangle=|5S_{1/2},F=1\rangle$、$|e\rangle=|5P_{1/2},F=2\rangle$ 和 $|r\rangle=60S_{1/2}$，其偶极阻塞半径为 $R_{\rm b}\approx(C_6\gamma_{\rm e}/|\Omega_{\rm c}|^2)^{1/6}$，vdW 系数为 $C_6=2\pi\times1.4\times10^{14}\,{\rm s}^{-1}\mu{\rm m}$。二阶关联函数与 vdW 作用势如图 2.14 所示，由图 2.14（a）可知，在偶极阻塞半径 $R_{\rm b}$ 内满足 $g^{(2)}<1$，而在偶极阻塞半径外满足 $g^{(2)}\approx1$。可以根据图 2.14（b）估计偶极阻塞效应下 vdW 作用势的最低阈值（见圆点）。

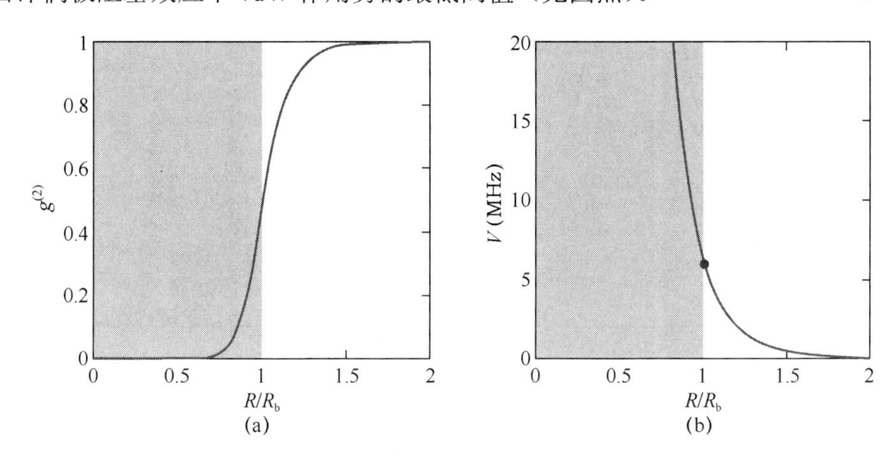

图 2.14　二阶关联函数与 vdW 作用势

在具体计算中，除了采用前面提到的实际实验参数，还有 $\Omega_{\rm p}=2\pi\times0.5\,{\rm MHz}$，$\Omega_{\rm c}=2\pi\times3\,{\rm MHz}$，$\gamma_{\rm e}=2\pi\times3\,{\rm MHz}$，$\gamma_{\rm r}=2\pi\times0.02\,{\rm MHz}$ 和 $\Delta_{\rm c}=0\,{\rm MHz}$。如果没做特殊说明，后续都采用这些参数。电磁感应透明光谱和里德堡激发概率如图 2.15 所示。图 2.15（a）表示吸收 ${\rm Im}(\rho_{\rm ge})$ 和色散 ${\rm Re}(\rho_{\rm ge})$ 与单光子探测失谐 $\Delta_{\rm p}$ 的关系。图 2.15（b）表示单原子激发概率（$\rho_{\rm rr}$）、双原子激发概率（$\rho_{\rm rr,rr}$）与单光子探测失谐 $\Delta_{\rm p}$ 的关系。从图 2.15（a）中可以看出，当 $\Delta_{\rm p}\approx\pm\Omega_{\rm c}$ 时，也就是在 AT 劈裂处，原子间相互作用对吸收和色散的影响比较明显；而在 EIT 窗口处，几乎看不出影响。这是因为与共振频率相比，在 AT 劈裂处里德堡激发概率对探测场强度更敏感，所以容易观察到集体合作非线性现象，见图 2.15（b）。还可以发现 vdW 相互作用破坏了 EIT 的对称性，在 $\Delta_{\rm p}\approx-\Omega_{\rm c}$ 处较为明显。原因在于负失谐部分补偿了一定的能级移动，导致双原子激发概率增大，非线性效应更容易出现。特别地，当 $\Delta_p = -V/2$ 时，双原子激发概率明显增大，表现出典型的偶极反阻塞效应。需要指出的是，超冷原子气体中非线性 EIT 的对称性会保持，原因在于系统平衡了由固定的原子间距带来的失谐的单符号性。

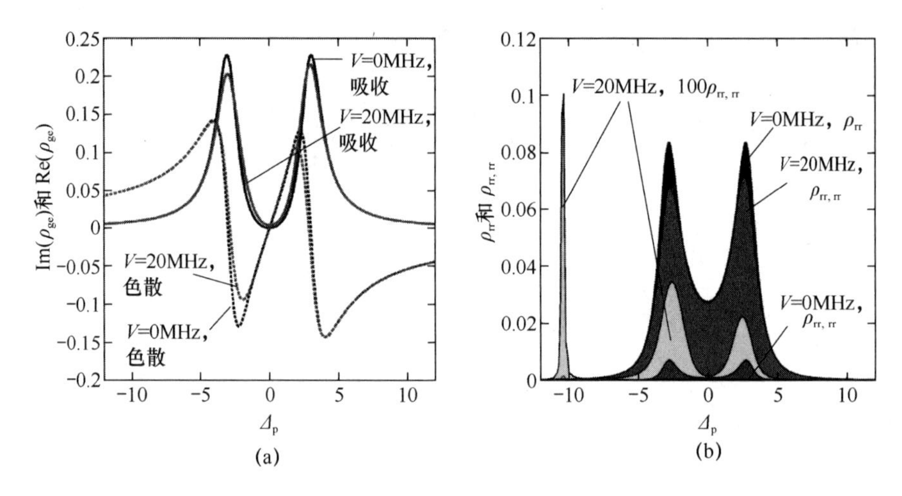

图 2.15　电磁感应透明光谱和里德堡激发概率

令 $\Delta_p = 0$ MHz，改变探测场的拉比频率，进一步研究合作光学非线性效应。系统的吸收和二阶关联函数与探测场拉比频率的关系曲线如图 2.16 所示，由图 2.16（a）可知，当 $\Omega_p < 0.4$ MHz 时，EIT 窗口保持透明；当 Ω_p 提高时，EIT 窗口由透明变为部分透明，Ω_p 越高越明显。原因在于较低的探测场拉比频率甚至不能保证有原子被激发，因此偶极—偶极相互作用也无从谈起；而当探测场拉比频率提高到可以使得两个及以上原子被激发到里德堡态时，偶极阻塞效应才开始起作用，以光学非线性形式表现出来。AT 劈裂处的吸收作用先增强，在 $\Omega_p \approx 2\pi \times 0.7$ MHz（正负失谐略有差异）处达到最大值，然后开始减弱。这种差异来自两种频率下里德堡原子的激发差异。与之对应的二阶关联函数如图 2.16（b）所示，其在 3 种情况下均保持增长趋势且一直满足 $g^{(2)} < 1$。只不过 EIT 窗口的增长幅度极小，很快达到饱和状态。在负失谐情况下，由于

其部分补偿了 vdW 作用势的影响，导致双原子激发增强，所以其二阶关联函数值明显大于正失谐情况。需要指出的是，为了保证 EIT 条件$\Omega_p \ll \gamma_e$，不能继续提高探测场拉比频率。

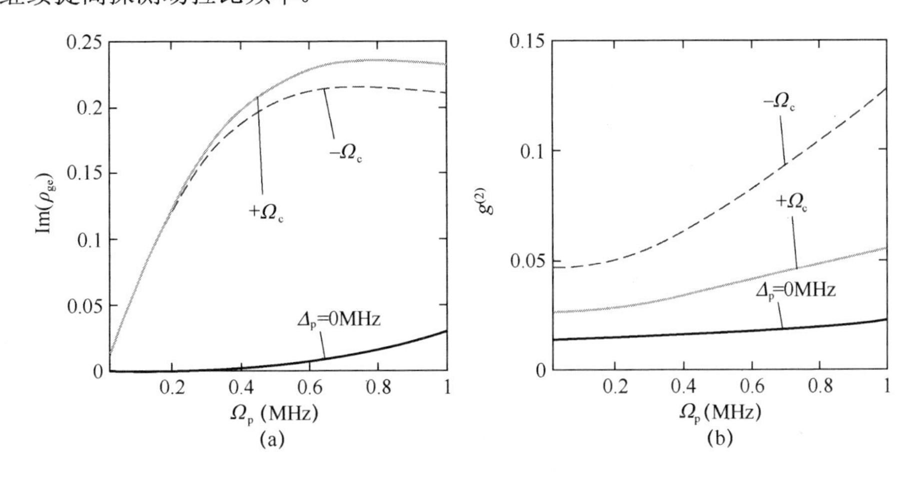

图 2.16　系统的吸收和二阶关联函数与探测场拉比频率的关系曲线

由前面的研究可知，vdW 相互作用是产生光学非线性行为和量子关联的决定性因素，下面研究其对系统响应的影响。系统的吸收和二阶关联函数与偶极强度的关系曲线如图 2.17 所示，从图 2.17（a）中可以看出，当 V 较小时，没有相互作用，EIT 窗口透明且原子间无任何关联。随着 V 的增大，EIT 窗口的吸收会增大但很快达到饱和，这是因为当相互作用足够强时，系统进入严格的偶极阻塞机制：两个原子中的一个被激发到里德堡态，另一个原子与二能级吸收型原子的行为一致。由于这里只考虑两个原子，所以吸收不会随相互作用的增强而变化。当 $\Delta_p = \Omega_c$ 时，吸收随双原子激发概率的持续增大而逐渐减小，并接近饱和，与 EIT 窗口情况类似，二阶关联函数减小并最终达到饱和。$\Delta_p = -\Omega_c$ 情况则不同，当 $V < 5\text{MHz}$ 时，吸收减小而对应的二阶关联函数增大，直到接近 $V = 5\text{MHz}$，因为失谐补偿了 vdW 相互作用带来的能级移动，所以双原子激发概率达到最大值，此时吸收最小而光子关联最大，进入最强的聚束机制。当进一步增大 V 时，对应的补偿失谐（$\Delta_p = -V/2$）不断向外

移动，因此 AT 劈裂处的吸收会轻微增大并最终达到饱和，对应的光子关联逐渐减弱，由聚束效应变为深度反聚束效应，见图 2.17（b）。

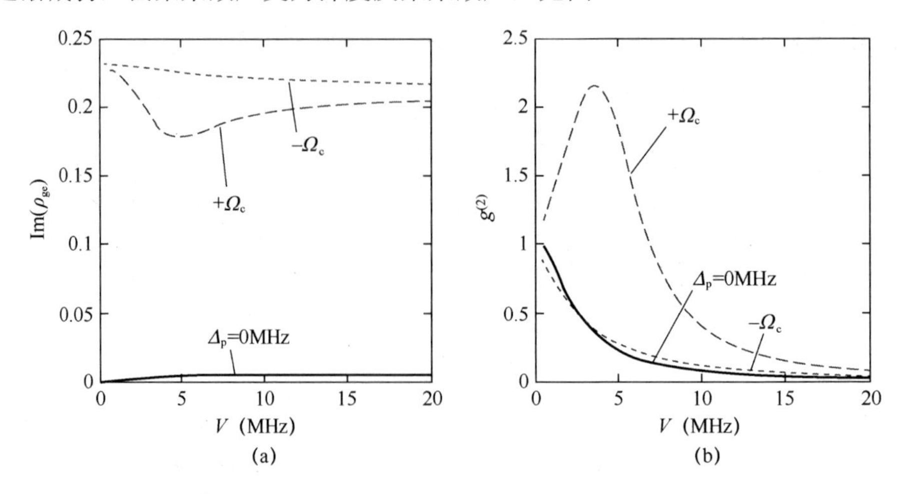

图 2.17　系统的吸收和二阶关联函数与偶极强度的关系曲线

2.4.3　受激拉曼绝热过程

受激拉曼绝热过程（STIRAP）是一种高效的相干激发过程[51-52]，利用 STIRAP 不仅可以实现完全的相干粒子转移，还能制备最大原子相干态。下面以三能级 Λ 型原子系统为例，介绍 STIRAP 的基本原理，如图 2.18 所示。泵浦场（拉比频率为 $\Omega_p(t)$ ）和斯托克斯场（拉比频率为 $\Omega_s(t)$ ）分别作用在跃迁 $|1\rangle \to |3\rangle$ 和 $|2\rangle \to |3\rangle$ 上，对应的单光子失谐分别为 Δ_p 和 Δ_s 。

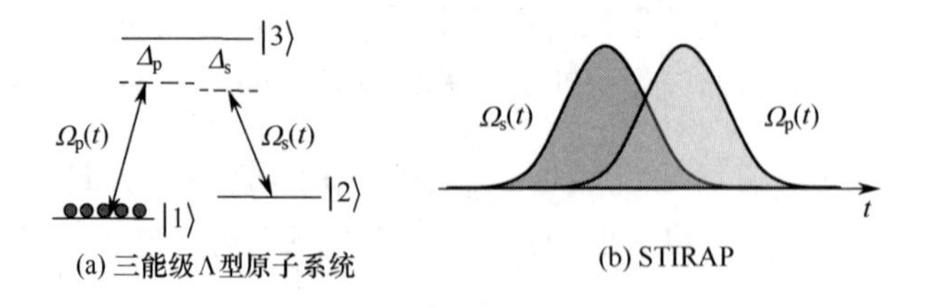

图 2.18　STIRAP 的基本原理

在旋波近似下，系统哈密顿量为

$$\boldsymbol{H} = -\hbar\begin{pmatrix} 0 & 0 & \varOmega_{\mathrm{p}}(t) \\ 0 & \varDelta_{\mathrm{p}}-\varDelta_{\mathrm{s}} & \varOmega_{\mathrm{s}}(t) \\ \varOmega_{\mathrm{p}}(t) & \varOmega_{\mathrm{s}}(t) & \varDelta_{\mathrm{p}} \end{pmatrix} \tag{2.48}$$

因为能级结构一样，所以式（2.48）与式（2.37）类似。在双光子共振（$\varDelta_{\mathrm{p}}=\varDelta_{\mathrm{s}}=\varDelta$）条件下，系统本征态为

$$\begin{cases} \left|a_{+}(t)\right\rangle = \sin\theta(t)\sin\phi(t)|1\rangle + \cos\theta(t)\sin\phi(t)|2\rangle + \cos\phi(t)|3\rangle \\ \left|a_{0}(t)\right\rangle = \cos\theta(t)|1\rangle - \sin\theta(t)|2\rangle \\ \left|a_{-}(t)\right\rangle = \sin\theta(t)\cos\phi(t)|1\rangle + \cos\theta(t)\cos\phi(t)|2\rangle - \sin\phi(t)|3\rangle \end{cases} \tag{2.49}$$

式中

$$\begin{cases} \tan\theta(t) = \varOmega_{\mathrm{p}}(t) / \varOmega_{\mathrm{s}}(t) \\ \tan[2\phi(t)] = 2\sqrt{\varOmega_{\mathrm{p}}^{2}(t) + \varOmega_{\mathrm{s}}^{2}(t)} / \varDelta \end{cases} \tag{2.50}$$

式中，$\left|a_0(t)\right\rangle$ 为对应零本征值的绝热暗态，仅存在于初态 $|1\rangle$ 和目标态 $|2\rangle$ 的子空间里。因为不含中间激发态 $|3\rangle$ 的成分，所以排除了中间激发态自发辐射带来的非相干影响。受激拉曼绝热通道的系统物理量演化示意图如图 2.19 所示。由式（2.49）可知，如果令 $t\to-\infty$，$\sin\theta(t)=0$，$t\to+\infty$，$\cos\theta(t)=0$，随着时间的演化，系统会从初态 $|1\rangle$ 完全过渡到目标态 $|2\rangle$，在整个相干粒子转移过程中，在中间激发态上没有原子布居，同时混合角 θ 从 0 变化到 $\pi/2$（见图 2.19）。由式（2.49）可知，混合角的这种变化意味着作用于目标态和中间激发态的斯托克斯场一定先于作用于初态和中间激发态的泵浦场，它们在时间上形成反直觉脉冲序列，只有这样，才能充分实现高效、定向的相干粒子转移。

为了实现完全有效的相干粒子转移，除了需要满足上述条件，还需要满足绝热条件。以本征态为基矢，任意时刻系统的状态为 $|\psi\rangle = c_{+}(t)\left|a_{+}\right\rangle + c_{0}(t)\left|a_{0}\right\rangle + c_{-}(t)\left|a_{-}\right\rangle$（$c_i$ 为概率幅），则系统满足薛定谔方程[53]，即

$$i\hbar\frac{\partial}{\partial t}\begin{pmatrix}c_+(t)\\c_0(t)\\c_-(t)\end{pmatrix}=\hbar\begin{pmatrix}\Omega_{\text{eff}}\cot\phi & 2i\dot{\theta}\sin\phi & 2i\dot{\phi}\\-2i\dot{\theta}\sin\phi & 0 & -2i\dot{\theta}\cos\phi\\-2i\dot{\phi} & 2i\dot{\theta}\cos\phi & -\Omega_{\text{eff}}\tan\phi\end{pmatrix}\begin{pmatrix}c_+(t)\\c_0(t)\\c_-(t)\end{pmatrix}\qquad(2.51)$$

式中，$\Omega_{\text{eff}}=2\sqrt{\Omega_{\text{p}}^2(t)+\Omega_{\text{s}}^2(t)}$。绝热演化的前提是：系统初态为暗态，在演化过程中要保证始终处于暗态，这就需要系统的暗态$|a_0\rangle$与其他本征态$|a_\pm\rangle$不存在耦合作用。由式（2.51）可知，只有使哈密顿量的非对角元素为零，才能保证$c_0(t)$与$c_\pm(t)$无任何耦合。特别地，在单光子共振（$\Delta=0\,\text{MHz}$）的情况下，由式（2.50）可得$\phi=\pi/4$。这时如果$\dot{\theta}$远小于Ω_{eff}，则耦合项$2i\dot{\theta}\sin\phi$的作用可以忽略不计。利用式（2.50）可以推导得到绝热条件，即

$$|\dot{\theta}|=\left|\frac{\dot{\Omega}_{\text{p}}(t)\Omega_{\text{s}}(t)-\Omega_{\text{p}}(t)\dot{\Omega}_{\text{s}}(t)}{\Omega_{\text{p}}(t)^2+\Omega_{\text{s}}(t)^2}\right|\ll\Omega_{\text{eff}}\qquad(2.52)$$

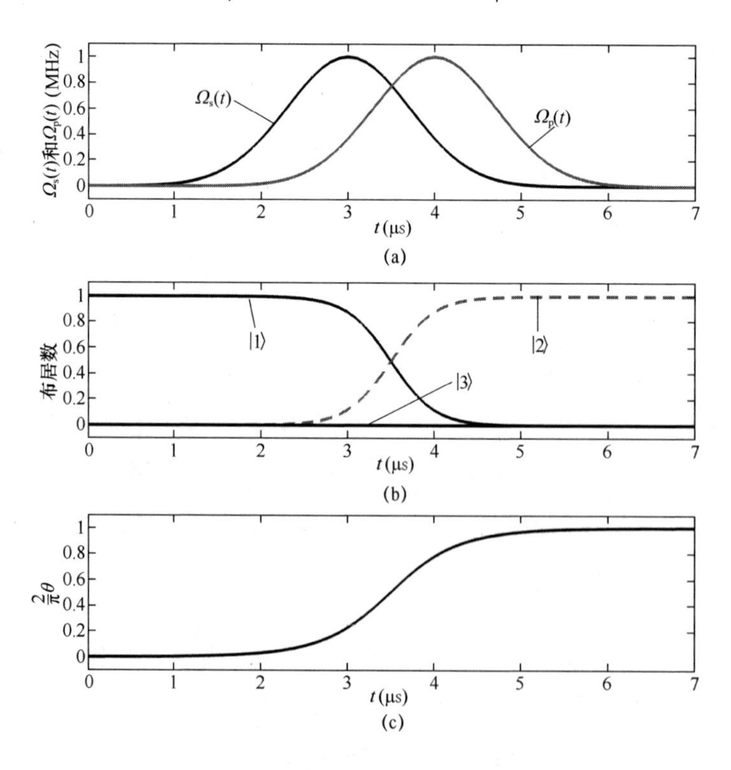

图 2.19　受激拉曼绝热过程中的系统物理量演化示意图

图 2.19（a）表示反直觉顺序的高斯脉冲 $\Omega_{\mathrm{s}}(t)$ 和 $\Omega_{\mathrm{p}}(t)$；图 2.19（b）表示相干粒子转移过程；图 2.19（c）表示混合角随时间的变化。

只要系统演化过程满足式（2.52）中的绝热条件，暗态 $|a_0\rangle$ 和其他本征态 $|a_\pm\rangle$ 间的非绝热耦合就可以忽略不计，从而能够保证有效的相干粒子转移。考虑原子束在周期 T 内穿过斯托克斯场和泵浦场（均为高斯型且振幅相同）的空间重叠区域，因此需要对 $\dot{\theta}$ 取平均值。计算得到 $\langle\dot{\theta}\rangle = \pi / 2T$，与式（2.52）联立得到

$$\Omega_{\mathrm{eff}} T \gg 1 \tag{2.53}$$

在实际的实验和数值模拟中发现，$\Omega_{\mathrm{eff}} T \geqslant 10$ 才能保证有效的相干粒子转移[53]。

参 考 文 献

[1] Rydberg J R. On the Structure of the Line-Spectra of the Chemical Elements[J]. Philosophical Magazine, 1890, 29:331-337.

[2] Bohr N. On the Constitution of Atoms and Molecules[J]. Philosophical Magazine, 1913, 26:1-25.

[3] Gallagher T F. Rydberg Atoms[M]. Cambridge: Cambridge University Press, 1994.

[4] Saffman M, Walker T, Mølmer K. Quantum Information with Rydberg Atoms[J]. Reviews of Modern Physics, 2010, 82(3):2313-2363.

[5] Lorenzen C J, Niemax K. Quantum Defects of the $n^2P_{1/2,1/3}$ Levels in ^{39}K I and ^{85}Rb I Physica Scripta[J]. Physica Scripta, 1983, 27:300-305.

[6] Gounand F, Hugon M, Fournier P R. Radiative Lifetimes of Highly Excited States in Rubidium [J]. Journal of Physics, 1980, 41:119-121.

[7] Gounand F, Fournier P R, Cuvellier J, et al. Determination of Natural Radiative Lifetimes for Highly Excited P States in Rubidium[J]. Physics Letters A, 1976, 59:23-24.

[8] Hugon M, Gounand F, Fournier P R. Radiative Lifetimes of Highly Excited F States in Rubidium[J]. Journal of Physics B: Atomic Molecular Physics, 1978, 11:L605-L609.

[9] Gounand F, Hugon M, Fournier P R, et al. Superradiant Cascading Effects in Rubidium Rydberg Levels[J]. Journal of Physics B: Atomic Molecular Physics, 1979, 12:547-553.

[10] Oliveira A L, Mancini M W, Bagnato V S, et al. Measurement of Rydberg-State Lifetimes Using Cold Trapped Atoms[J]. Physical Review A, 2002, 65:031401(R)-1-4.

[11] Nascimento V A, Caliri L L, De Oliveira A L, et al. Measurement of the Lifetimes of S and D States Below n=31 Using Cold Rydberg Gas[J]. Physical Review A, 2006, 74:054501-1-3.

[12] Caliri L L, Marcassa L G. Reply to " Comment on 'Measurement of the Lifetimes of S and D States Below n=31 Using Cold Rydberg Gas' "[J]. Physical Review A, 2007, 75:066503-1-2.

[13] Gallagher T F. Rydberg Atoms[M]. Cambridge: Cambridge University Press, 1994.

[14] Demille D. Quantum Computation with Trapped Polar Molecules[J]. Physical Review Letters, 2002, 88:067901-1-4.

[15] Rajapakse R M, Bragdon T, Reyet A M, et al. Single-Photon Nonlinearities Using Arrays of Cold Polar Molecules[J]. Physical Review A, 2009, 80:013810-1-9.

[16] Amthor T, Denskat J, Giese C, et al. Autoionization of an Ultracold Rydberg Gas Through Resonant Dipole Coupling[J]. The European Physical Journal D, 2009, 53:329-335.

[17] Scully M O, Zubairy M S. Quantum Optics[M]. Cambridge: Cambridge University Press, 1996.

[18] Petrosyan D, Otterbach J, Fleischhauer M. Electromagnetically Induced Transparency with Rydberg Atoms[J]. Physical Review Letters, 2011, 107:213601-1-5.

[19] Gillet J, Agarwal G S, Bastin T. Tunable Entanglement, Antibunching and Saturation Effects in Dipole Blockade[J]. Physical Review A, 2010, 81: 013837-2-6.

[20] Singer K, Stanojevic J, Weidemüller M, et al. Long Range Interactions Between Alkali Rydberg Atom Pairs Correlated to the ns-ns, np-np and nd-nd Asymptotes[J]. Journal of Physics B: Atomic Molecular Physics, 2005, 38:S295-S307.

[21] Tong D, Farooqi S M, Stanojevic J, et al. Local Blockade of Rydberg Excitation in an Ultracold Gas[J]. Physical Review Letters, 2004, 93:063001-1-4.

[22] Vogt T, Viteau M, Chotia A, et al. Electric-Field Induced Dipole Blockade with Rydberg Atoms[J]. Physical Review Letters, 2007, 99:073002-1-4.

[23] Heidemann R, Raitzsch U, Bendkowsky V, et al. Evidence for Coherent Collective Rydberg Excitation in the Strong Blockade Regime[J]. Physical Review Letters, 2007, 99:163601-1-4.

[24] Urban E, Johnson T A, Henage T, et al. Observation of Rydberg Blockade Between Two

Atoms[J]. Nature Physics, 2009, 5:110-114.

[25] Gaetan A, Miroshnychenko Y, Wilk T, et al. Observation of Collective Excitation of Two Individual Atoms in the Rydberg Blockade Regime[J]. Nature Physics, 2009, 5:115-118.

[26] Vuletic V. Quantum networks: When Superatoms Talk to Photons[J]. Nature Physics, 2006, 2:801-802.

[27] Ketterle W. Nobel Lecture: When Atoms Behave as Waves: Bose-Einstein Condensation and the Atom Laser[J]. Reviews of Modern Physics, 2002, 74:1131-1151.

[28] Heidemann R, Raitzsch U, Bendkowsky V, et al. Rydberg Excitation of Bose-Einstein Condensates[J]. Physical Review Letters, 2008, 100:033601-1-4.

[29] Mazets I E, Kurizki G. Multiatom Cooperative Emission Following Single-Photon Absorption: Dicke-State Dynamics[J]. Journal of Physics B: Atomic, Molecular and Optical Physics, 2007, 40:F105-F112.

[30] Pedersen L H, Mølmer K. Few Qubit Atom-Light Interfaces with Collective Encoding[J]. Physical Review A, 2009, 79:012320-1-5.

[31] Singer K, Reetz-Lamour M, Amthor T, et al. Suppression of Excitation and Spectral Broadening Induced by Interactions in a Cold Gas of Rydberg Atoms[J]. Physical Review Letters, 2004, 93:163001-1-4.

[32] U Raitzsch, Bendkowsky V, Heidemann R, et al. Echo Experiments in a Strongly Interacting Rydberg Gas[J]. Physical Review Letters, 2008, 100:013002-1-4.

[33] Reetz-Lamour M, Amthor T, Deiglmayr J, et al. Rabi Oscillations and Excitation Trapping in the Coherent Excitation of a Mesoscopic Frozen Rydberg Gas[J]. Physical Review Letters, 2008, 100:253001-1-4.

[34] Wilk T, Evellin C, Wolters J, et al. Entanglement of Two Individual Neutral Atoms Using Rydberg Blockade[J]. Phys. Rev. Lett., 2010, 104:010502-1-4.

[35] Isenhower L, Urban E, Zhang X L, et al. Demonstration of a Neutral Atom Controlled-NOT Quantum Gate[J]. Physical Review Letters, 2010, 104:010503-1-4.

[36] Ates C, Pohl T, Pattard T, et al. Antiblockade in Rydberg Excitation of an Ultracold Lattice Gas[J]. Physical Review Letters, 2007, 98:023002-1-4.

[37] Amthor T, Giese C, Hofmann C S, et al. Evidence of Antiblockade in an Ultracold Rydberg Gas[J]. Physical Review Letters, 2010, 104:013001-1-4.

[38] Yan D, Cui C, Zhang M, et al. Coherent Population Transfer and Quantum Entanglement Generation Involving a Rydberg State by Stimulated Raman Adiabatic Passage[J]. Physical Review A, 2011, 84: 043405-2-7.

[39] Fleichhauer M, Imamoglu A, Marangos J P. Electromagnetically Induced Transparency: Optics in Coherent Media[J]. Reviews of Modern Physics, 2005, 77:633-673.

[40] Boyd R W. Nonlinear Optics[M]. New York: Academic Press, 2008.

[41] Autler S H, Townes C H. Stark Effect in Rapidly Varying Fields[J]. Physical Review, 1995, 100:703-722.

[42] Hau L V, Harris S E, Dutton Z, et al. Light Speed Reduction to 17 Metres Per Second in an Ultracold Atomic Gas[J]. Nature, 1999, 397:594-598.

[43] Liu C, Dutton Z, Behroozi C H, et al. Observation of Coherent Optical Information Storage in an Atomic Medium Using Halted Light Pulses[J]. Nature, 2001, 409:490-493.

[44] Eisaman M D, Andre A, Massou M, et al. Electromagnetically Induced Transparency with Tunable Single-Photon Pulses[J]. Nature, 2005, 438:837-841.

[45] Chanelière T, Matsukevich D N, Jenkins S D, et al. Storage and Retrieval of Single Photons Transmitted Between Remote Quantum Memories[J]. Nature, 2005, 438:833-836.

[46] Gea-Banacloche J, Li Y, Jin S, et al. Electromagnetically Induced Transparancy in Ladder-Type Inhomogeneously Broadened Media: Theory and Experiments[J]. Physical Review A, 1995, 51:576-584.

[47] Yan D, Cui C L, Liu Y M, et al. Normal and Abnormal Nonlinear Electromagnetically Induced Transparency Due to Dipole Blockade of Rydberg Exciation[J]. Physical Review A, 2013, 87:023827.

[48] Yan D, Liu Y M, Bao Q Q, et al. Electromagnetically Induced Transparency in an Inverted-Y System of Interacting Cold Atoms[J]. Physical Review A, 2012, 86:023828.

[49] Yan D, Gao J W, Bao Q Q, et al. Electromagnetically Induced Transparency in a Five-Level Λ System Dominated by Two-Photon Resonant Transitions[J]. Physical Review A, 2011, 83:033830.

[50] Liu Y M, Tian X D, Yan D, et al. Nonlinear Modifications of Photon Correlations via Controlled Single and Double Rydberg Blockade[J]. Physical Review A, 2015, 91:043802-1-7.

[51] Oreg J, Hioe F T, Eberly J H. Adiabatic Following in Multilevel Systems[J]. Physical Review

A, 1984, 29:690-697.

[52] Bergmann K, Theuer H, Shore B W. Coherent Population Transfer Among Quantum States of Atoms and Molecules[J]. Reviews of Modern Physics, 1998, 70:1003-1025.

[53] Vitanov N V, Fleischhauer M, Shore B W, et al. Coherent Manipulation of Atoms and Molecules by Sequential Laser Pulses[J]. Advances in Atomic, Molecular, and Optical Physics, 2001, 46:55-190.

第3章 双光子跃迁主导的电磁感应透明

3.1 引言

前面介绍过，EIT 是一种典型的原子相干现象。完美 EIT 的特点是：在一个狭小的窗口内，介质表现出对探测光的零吸收，同时伴随着陡峭的色散[1-3]。因为既能保证极小的吸收损耗，又能显著增强光学非线性效应[4-7]，所以 EIT 技术在操纵量子信息光子态编码中扮演着重要角色，如实现可逆映射[8-10]、执行量子逻辑操作[11-12]及实现量子纠缠[13-14]等。目前，对 EIT 的研究大多数局限在单光子跃迁占主导地位的系统中，即一个原子从一个态跃迁到另一个态的过程中总会产生或吸收一个光子。然而，系统中往往存在双光子甚至多光子跃迁的实际物理过程，于是自然会产生这样的问题：能不能找到一个真正由双光子跃迁主导的 EIT 系统？双光子 EIT 和单光子 EIT 有没有本质区别？Agarwal 等提出了利用一个强耦合场抑制两个弱探测场连续吸收的“双光子 EIT”方案[15]，该方案在钠蒸气[16]和铷蒸气[17]中得到了验证。然而，“双光子 EIT”本质上仍然是相干控制的单光子跃迁，原因在于，原子在从基态到高激发态的跃迁过程中，会在中间能级上暂时地布居。据我们所知，对 EIT 的研究还没有真正拓展到双光子 EIT 领域，即相干驱动原子系统的参数都要满足双光子跃迁概率远大于单光子跃迁概率这一条件。根据我们的研究，只有同时满足单光子大失谐和双光子共振这两个条件才能保证双光子跃迁占主导地位。

此外，由于里德堡原子在量子信息处理中得到了广泛应用[18]，所以对处于高激发态的里德堡原子的相干控制研究已成为热门方向之一。关于里德堡原子，目前人们最感兴趣的是偶极阻塞效应[19-21]。这种效应使得里德堡原子的激发行为与普通独立原子大不相同，表现为：在一定的体积（阻塞区域）内，只有一个原子能被共振激发到里德堡态，强烈的偶极—偶极相互作用使驱动场能量远低于激发能量，因此其他原子不能被激发到里德堡态。为了实现大主量子数里德堡态的相干激发，在实验中往往利用两个可见光场，采用两步激发方式[22-24]，采用这种做法的原因在于缺少可调的紫外光源。虽然采用两步激发方式，但是大多数研究局限于两个激光场的单光子失谐很低（接近共振）的情况，对单光子大失谐且保持双光子共振的参数范围鲜有考虑。本章在这个前提下研究涉及里德堡能级的双光子 EIT 性质，并详细探究 vdW 相互作用对 EIT 的影响。

本章从复杂的五能级 Λ 型原子系统出发，在双光子跃迁占主导地位的参数范围内获得 EIT 光谱并研究这种光谱的特点。然后利用时间平均的绝热消除方法（Time-Averaged Adiabatic-Elimination Method）将五能级 Λ 型原子系统约化为有效的三能级 Λ 型原子系统，在此基础上得到仅有双光子跃迁的 EIT 并同五能级情况比较。基本思想是：在保持一对探测光和一对耦合光双光子共振的条件下，通过提高单光子失谐来减少单光子跃迁行为，从而构造双光子跃迁占主导地位的参数机制并在此参数范围内考察双光子 EIT 性质。分析表明，不同的双光子跃迁路径带来的相消干涉体现在双光子吸收谱上，并形成典型的 EIT 特征，而且这种现象可以用缀饰态理论给出清晰的物理解释。当满足双光子共振条件时，EIT 窗口的位置会或多或少地偏离探测场的双光子共振频率，原因在于，约化三能级 Λ 型原子系统中的耦合光在虚光子吸收和辐射过程中产生了 Stark 移动。此外，当原子结构中的最高能级为里德堡能级时，根据经验，人们往往认为偶极—偶极相互作用会明显改变双光子 EIT 光谱，然而我们通过数值计算发现情况并非如此，原因有两个：①只有当大多数原子有被激发到里德堡态的概率时，偶极—偶极相互作用才变得重要；②双光子 EIT 光谱总是在弱探测场极限下得到的，因此只有极少原子布居在里德堡态上。

3.2 理论模型及光学 bloch 方程

3.2.1 原始五能级 Λ 型原子系统

原子系统如图 3.1 所示。图 3.1（a）表示一对弱探测场和一对强耦合场同时耦合的五能级 Λ 型原子系统，弱探测场和强耦合场的频率都满足双光子共振条件；图 3.1（b）表示仅有双光子跃迁的约化三能级 Λ 型原子系统；图 3.1（c）表示五能级 Λ 型原子系统的缀饰态解释；图 3.1（d）表示约化三能级 Λ 型原子系统的缀饰态解释。

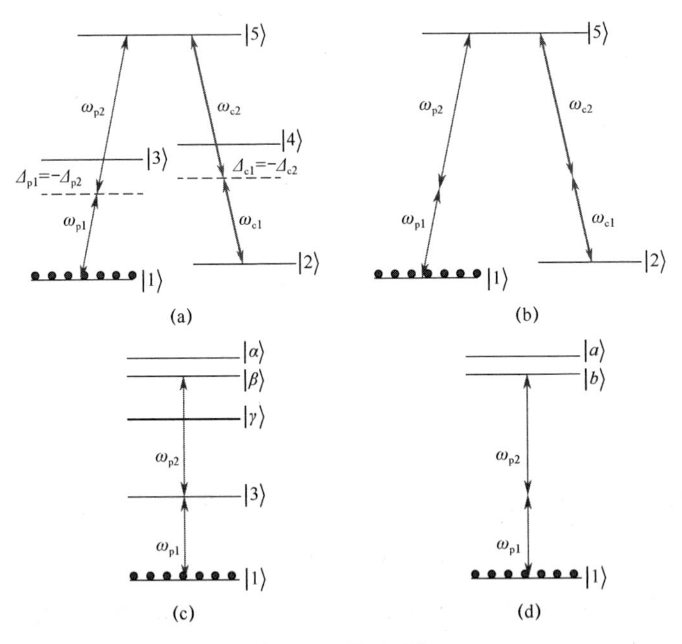

图 3.1　原子系统

在图 3.1（a）所示的五能级 Λ 型原子系统中，频率为 ω_{p1} 和 ω_{p2} 的弱探测场分别作用在跃迁 $|1\rangle \leftrightarrow |3\rangle$ 和 $|3\rangle \leftrightarrow |5\rangle$ 上，拉比频率分别为 Ω_{p1} 和 Ω_{p2}。频率为 ω_{c1} 和 ω_{c2} 的两个强耦合场分别作用在跃迁 $|2\rangle \leftrightarrow |4\rangle$ 和 $|4\rangle \leftrightarrow |5\rangle$ 上，拉比频率分别为 Ω_{c1} 和 Ω_{c2}。$\Delta_{p1} = \omega_{p1} - \omega_{31}$ 和 $\Delta_{p2} = \omega_{p2} - \omega_{53}$ 分别表示频率为 ω_{p1} 和 ω_{p2} 的弱探测场对应跃迁的单光子失谐，而 $\Delta_{c1} = \omega_{c1} - \omega_{42}$ 和 $\Delta_{c2} = \omega_{c2} - \omega_{54}$ 分别表示

频率为 ω_{c1} 和 ω_{c2} 的强耦合场对应跃迁的单光子失谐。

在相互作用绘景中，通过偶极近似和旋波近似得到系统的哈密顿量，即

$$\boldsymbol{H}_{\mathrm{I}}=-\hbar\begin{pmatrix}0 & 0 & \Omega_{p1}^{*} & 0 & 0\\ 0 & \Delta_{12} & 0 & \Omega_{c1}^{*} & 0\\ \Omega_{p1} & 0 & \Delta_{13} & 0 & \Omega_{p2}^{*}\\ 0 & \Omega_{c1} & 0 & \Delta_{14} & \Omega_{c2}^{*}\\ 0 & 0 & \Omega_{p2} & \Omega_{c2} & \Delta_{15}\end{pmatrix} \tag{3.1}$$

式中，$\Delta_{12}=\Delta_{p1}+\Delta_{p2}-\Delta_{c1}-\Delta_{c2}$，$\Delta_{13}=\Delta_{p1}$，$\Delta_{14}=\Delta_{p1}+\Delta_{p2}-\Delta_{c2}$，$\Delta_{15}=\Delta_{p1}+\Delta_{p2}$。类似地，我们定义 $\Delta_{23}=\Delta_{c1}+\Delta_{c2}-\Delta_{p2}$，$\Delta_{24}=\Delta_{c1}$，$\Delta_{25}=\Delta_{c1}+\Delta_{c2}$，$\Delta_{34}=\Delta_{p2}-\Delta_{c2}$，$\Delta_{35}=\Delta_{p2}$，$\Delta_{45}=\Delta_{c2}$。

不同弛豫速率下五能级 Λ 型原子系统原子布居 ρ_{55} 与单光子探测失谐 Δ_{p1} 的关系曲线如图 3.2 所示，其中，$\Delta_{p2}=-30\text{MHz}$，$\Omega_{p1}=\Omega_{p2}=0.5\text{MHz}$，$\Gamma_{53}=\Gamma_{54}=0.1\text{MHz}$。

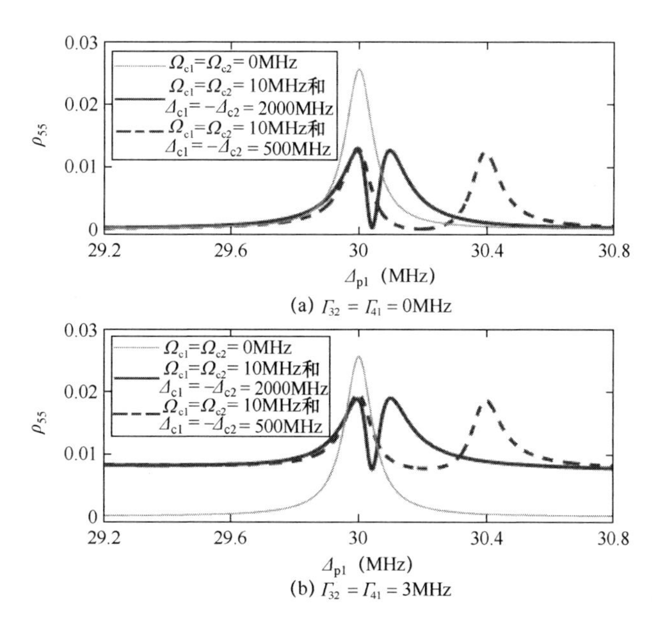

图 3.2　不同弛豫速率下五能级 Λ 型原子系统原子布居 ρ_{55} 与单光子探测失谐 Δ_{p1} 的关系曲线

根据式（3.1），进一步得到描述密度矩阵元动力学行为的微分方程组

$$\begin{cases}\partial_t\rho_{11}=i\Omega_{p1}^*\rho_{31}-i\Omega_{p1}\rho_{13}+\Gamma_{31}\rho_{33}+\Gamma_{41}\rho_{44}\\ \partial_t\rho_{22}=i\Omega_{c1}^*\rho_{42}-i\Omega_{c1}\rho_{24}+\Gamma_{32}\rho_{33}+\Gamma_{42}\rho_{44}\\ \partial_t\rho_{33}=i\Omega_{p1}\rho_{13}-i\Omega_{p1}^*\rho_{31}+i\Omega_{p2}^*\rho_{53}-i\Omega_{p2}\rho_{35}-(\Gamma_{31}+\Gamma_{32})\rho_{33}+\Gamma_{53}\rho_{55}\\ \partial_t\rho_{44}=i\Omega_{c1}\rho_{24}-i\Omega_{c1}^*\rho_{42}+i\Omega_{c2}^*\rho_{54}-i\Omega_{c2}\rho_{45}-(\Gamma_{41}+\Gamma_{42})\rho_{44}+\Gamma_{54}\rho_{55}\\ \partial_t\rho_{12}=-\gamma_{12}'\rho_{12}+i\Omega_{p1}^*\rho_{32}-i\Omega_{c1}\rho_{14}\\ \partial_t\rho_{13}=-\gamma_{13}'\rho_{13}+i\Omega_{p1}^*(\rho_{33}-\rho_{11})-i\Omega_{p2}\rho_{15}\\ \partial_t\rho_{14}=-\gamma_{14}'\rho_{14}+i\Omega_{p1}^*\rho_{34}-i\Omega_{c1}^*\rho_{12}-i\Omega_{c2}\rho_{15}\\ \partial_t\rho_{15}=-\gamma_{15}'\rho_{15}+i\Omega_{p1}^*\rho_{35}-i\Omega_{p2}^*\rho_{13}-i\Omega_{c2}^*\rho_{14}\\ \partial_t\rho_{23}=-\gamma_{23}'\rho_{23}+i\Omega_{c1}^*\rho_{43}-i\Omega_{p1}^*\rho_{21}-i\Omega_{p2}\rho_{25}\\ \partial_t\rho_{24}=-\gamma_{24}'\rho_{24}+i\Omega_{c1}^*(\rho_{44}-\rho_{22})-i\Omega_{c2}\rho_{25}\\ \partial_t\rho_{25}=-\gamma_{25}'\rho_{25}+i\Omega_{c1}^*\rho_{45}-i\Omega_{p2}^*\rho_{23}-i\Omega_{c2}^*\rho_{24}\\ \partial_t\rho_{34}=-\gamma_{34}'\rho_{34}+i\Omega_{p1}\rho_{14}+i\Omega_{p2}^*\rho_{54}-i\Omega_{c1}^*\rho_{32}-i\Omega_{c2}\rho_{35}\\ \partial_t\rho_{35}=-\gamma_{35}'\rho_{35}+i\Omega_{p1}\rho_{15}+i\Omega_{p2}^*(\rho_{55}-\rho_{33})-i\Omega_{c2}^*\rho_{34}\\ \partial_t\rho_{45}=-\gamma_{45}'\rho_{45}+i\Omega_{c1}\rho_{25}+i\Omega_{c2}^*(\rho_{55}-\rho_{44})-i\Omega_{p2}^*\rho_{43}\end{cases} \tag{3.2}$$

式中，相干项满足 $\rho_{ij}=\rho_{ji}^*$，各能级的原子布居满足归一化关系 $\sum\rho_{ii}=1$。

在式（3.2）中，定义复退相位速率 $\gamma_{ij}'=\gamma_{ij}+i\Delta_{ij}$，$\gamma_{ij}$ 表示 ρ_{ij} 的退相位速率。退相位速率依赖能级 $|i\rangle$ 到 $|j\rangle$ 的自发弛豫速率 Γ_{ij}，它们之间的关系为 $\gamma_{ij}=\sum_k(\Gamma_{ik}+\Gamma_{jk})/2$。

3.2.2 约化三能级Λ型原子系统

为了研究双光子 EIT 的性质，我们感兴趣的应该是由双光子跃迁 $|1\rangle\xleftrightarrow{\omega_{p1}+\omega_{p2}}|5\rangle$ 和 $|2\rangle\xleftrightarrow{\omega_{p1}+\omega_{p2}}|5\rangle$ 主导的光与原子的相互作用过程，而这需要通过谨慎地选择单光子失谐来实现。在 $|\Delta_{p1}|\gg|\Omega_{p1}|$、$|\Delta_{p2}|\gg|\Omega_{p2}|$、$|\Delta_{c1}|\gg|\Omega_{c1}|$、$|\Delta_{c2}|\gg|\Omega_{c2}|$，以及 $\Delta_{p1}\approx\Delta_{p2}$ 和 $\Delta_{c1}\approx\Delta_{c2}$ 的条件下，利用时间平均的绝热消除方法，可以将原始五能级Λ型原子系统的哈密顿量［式（3.1）］约化为三能级Λ型原子系统的有效哈密顿量，即

$$\boldsymbol{H}_{\text{eff}} = -\hbar \begin{pmatrix} 0 & 0 & \Omega_{\text{ep}}^* \\ 0 & \varDelta_{12} + \varDelta_{2\text{d}} & \Omega_{\text{ec}}^* \\ \Omega_{\text{ep}} & \Omega_{\text{ec}} & \varDelta_{15} + \varDelta_{5\text{d}} \end{pmatrix} \tag{3.3}$$

这样可以消除小概率的单光子跃迁带来的影响，将双光子跃迁占主导地位的五能级Λ型原子系统约化为一个仅有双光子跃迁的三能级Λ型原子系统，见图 3.1（b）。需要指出的是，时间平均的绝热消除方法在腔量子电动力学领域有广泛应用，而在 EIT 领域却鲜有涉及。在推导式（3.3）的过程中，我们定义了有效拉比频率 $\Omega_{\text{ep}} = -\Omega_{\text{p1}}\Omega_{\text{p2}} / \varDelta_{\text{p1}}$ 和 $\Omega_{\text{ec}} = -\Omega_{\text{c1}}\Omega_{\text{c2}} / \varDelta_{\text{c1}}$，它们分别对应双光子探测跃迁 $|1\rangle \xleftrightarrow{\omega_{\text{p1}}+\omega_{\text{p2}}} |5\rangle$ 和双光子耦合跃迁 $|2\rangle \xleftrightarrow{\omega_{\text{p1}}+\omega_{\text{p2}}} |5\rangle$ 过程。此外，频率为 ω_{c1} 和 ω_{c2} 的光子存在虚光子吸收和辐射过程，导致能级 $|2\rangle$ 和 $|5\rangle$ 分别产生 Stark 移位 $\varDelta_{2\text{d}} = -|\Omega_{\text{c1}}|^2 / \varDelta_{\text{c1}}$ 和 $\varDelta_{5\text{d}} = -|\Omega_{\text{c2}}|^2 / \varDelta_{\text{c2}}$。通过上述研究，很容易看出在我们研究的参数范围内已经绝热消除了中间能级 $|3\rangle$ 和 $|4\rangle$。

大失谐情况下五能级Λ型原子系统原子布居 ρ_{55} 与单光子探测失谐 $\varDelta_{\text{p1}}$ 的关系曲线如图 3.3 所示。

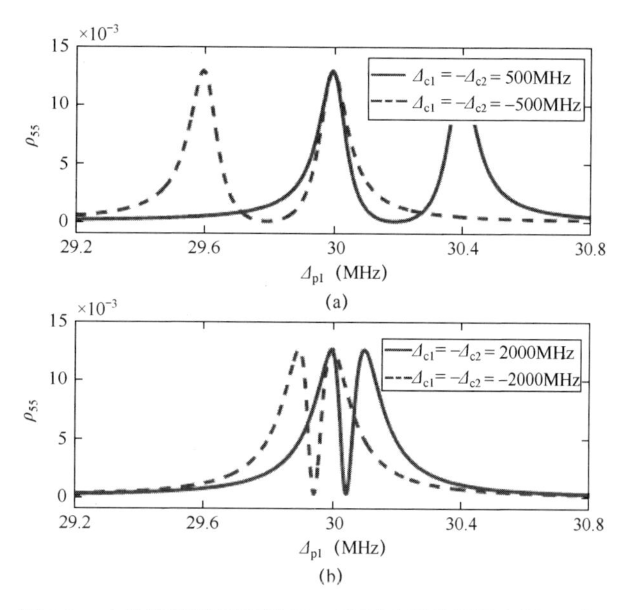

图 3.3　大失谐情况下五能级Λ型原子系统原子布居 ρ_{55} 与单光子探测失谐 $\varDelta_{\text{p1}}$ 的关系曲线

既然原始系统的哈密顿量已经约化为有效哈密顿量，就可以得到仅有双光子跃迁的等效光学 bloch 方程，即

$$\begin{cases}\partial_t\rho_{11}=i\Omega_{\rm ep}^*\rho_{51}-i\Omega_{\rm ep}\rho_{15}+\Gamma_{51}\rho_{55}\\ \partial_t\rho_{22}=i\Omega_{\rm ec}^*\rho_{52}-i\Omega_{\rm ec}\rho_{25}+\Gamma_{52}\rho_{55}\\ \partial_t\rho_{12}=-\gamma_{12}''\rho_{12}+i\Omega_{\rm ep}^*\rho_{52}-i\Omega_{\rm ec}\rho_{15}\\ \partial_t\rho_{15}=-\gamma_{15}''\rho_{15}+i\Omega_{\rm ep}^*(\rho_{55}-\rho_{11})-i\Omega_{\rm ec}^*\rho_{12}\\ \partial_t\rho_{25}=-\gamma_{25}''\rho_{25}+i\Omega_{\rm ec}^*(\rho_{55}-\rho_{22})-i\Omega_{\rm ep}^*\rho_{21}\end{cases}\tag{3.4}$$

类似地，密度矩阵元也囿于 $\rho_{ij}=\rho_{ji}^*$ 关系和约化的归一化条件 $\rho_{11}+\rho_{22}+\eta\rho_{55}=1$，其中 $\eta=1+\Gamma_{53}/(\Gamma_{31}+\Gamma_{32})+\Gamma_{54}/(\Gamma_{41}+\Gamma_{42})$。虽然能级 $|3\rangle$ 和 $|4\rangle$ 与探测场和耦合场分别解耦，但是一方面考虑能级 $|5\rangle$ 的自发弛豫会不可避免地导致在这两个能级上布居原子，另一方面考虑原始系统原子布居的归一化条件，因此在推导式（3.4）的时候我们分别定义 $\Gamma_{51}=\Gamma_{31}\Gamma_{53}/(\Gamma_{31}+\Gamma_{32})+\Gamma_{41}\Gamma_{54}/(\Gamma_{41}+\Gamma_{42})$ 和 $\Gamma_{52}=\Gamma_{32}\Gamma_{53}/(\Gamma_{31}+\Gamma_{32})+\Gamma_{42}\Gamma_{54}/(\Gamma_{41}+\Gamma_{42})$ 为能级 $|5\rangle$ 到 $|1\rangle$ 和 $|2\rangle$ 的自发弛豫速率。需要注意的是，当包含 Stark 移位时，复退相位速率 $\gamma_{12}''=\gamma_{12}'+i\Delta_{2\rm d}$、$\gamma_{15}''=\gamma_{15}'+i\Delta_{5\rm d}$ 和 $\gamma_{25}''=\gamma_{25}'+i(\Delta_{5\rm d}-\Delta_{2\rm d})$ 与式（3.2）中对应的退相位速率完全不同。

原始五能级 Λ 型原子系统与约化三能级 Λ 型原子系统的原子布居 ρ_{55} 与单光子探测失谐 $\Delta_{\rm p1}$ 的关系曲线如图 3.4 所示，实线和虚线分别表示约化三能级 Λ 型原子系统和原始五能级 Λ 型原子系统。

前面提到，式（3.2）描述的是双光子跃迁占主导地位、单光子跃迁概率很小的复杂五能级 Λ 型原子系统的动力学方程，而式（3.4）给出的却是仅有双光子跃迁的约化三能级 Λ 型原子系统的动力学方程。那么令式（3.2）和式（3.4）中的方程左端为零就能够得到系统的稳态原子布居 ρ_{55}，这样一方面允许我们在数值上检验真正的双光子 EIT 能否实现，另一方面便于考察是否存在一个简洁且有效的研究双光子跃迁通道间的相消干涉导致的电磁感应透明现象的方法。

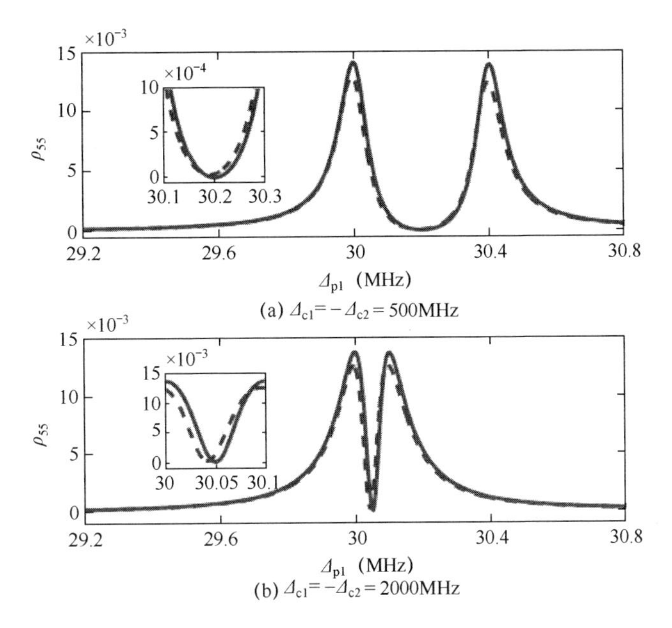

图 3.4　原始五能级 Λ 型原子系统与约化三能级 Λ 型原子系统的原子布居 ρ_{55} 与单光子探测失谐 Δ_{p1} 的关系曲线

3.3　数值模拟结果及缀饰态解释

利用上述基本方程，可以计算得到 EIT 光谱，通过详细研究其特点，可以给出理论解释。研究五能级 Λ 型原子系统的双光子 EIT 性质，图 3.2 给出了 3 种参数条件下原子布居 ρ_{55} 与单光子探测失谐 Δ_{p1} 的关系。我们发现，当同时关闭两个强耦合场时，在 $\Delta_{p1}=-\Delta_{p2}$ 处会出现一个典型的双光子共振吸收峰（细线）；而当同时打开两个强耦合场时，该吸收峰会发生劈裂，形成中间有凹陷的双峰结构——双光子 EIT 窗口的标志。需要指出的是，即使单光子耦合失谐满足 $\Delta_{c1}+\Delta_{c2}=0$ MHz，EIT 窗口也会明显偏离双光子共振位置 $\Delta_{p1}+\Delta_{p2}=0$ MHz。我们知道，在典型的三能级 Λ 型原子系统中不存在这种现象，只要唯一的耦合场失谐，即 $\Delta_c=0$ MHz，EIT 窗口就会精确地出现在单光子共振处，即 $\Delta_p=0$ MHz。此外，当设定 $\Gamma_{32}=\Gamma_{41}=3$MHz 时，见图 3.2（b），双光子吸收产生一个直流背景，导致 EIT 窗口处的吸收作用增强，但这不是我们期望的

结果。当我们打开中间能级的交叉弛豫通道时，能级$|3\rangle$上的部分原子会自发弛豫到能级$|2\rangle$上，然后被两个耦合场相干泵浦到能级$|5\rangle$上，从而破坏透明效果。为了规避这种情况，我们需要关闭中间能级的交叉弛豫通道，这样就能消除吸收谱线的直流背景了，见图 3.2（a）。在实际的原子能级中可以找到满足这种理想条件的参数。例如，令图 3.1（a）中能级$|1\rangle$、$|2\rangle$、$|3\rangle$、$|4\rangle$、$|5\rangle$分别对应超冷 ^{87}Rb 原子的$\left|5S_{1/2},F=2,m=-2\right\rangle$、$\left|5S_{1/2},F=2,m=+2\right\rangle$、$\left|5P_{1/2},F=1,m=-1\right\rangle$、$\left|5P_{1/2},F=1,m=+1\right\rangle$、$\left|5D_{1/2},F=1,m=0\right\rangle$能级即可。

进一步研究表明，借助缀饰态理论能够解释五能级系统所表现出来的双光子 EIT 特性。如图 3.1（c）所示，将能级劈裂为 3 个关联的子能级，它们是能级$|2\rangle$、$|4\rangle$和$|5\rangle$的相干叠加，3 个缀饰态为

$$\begin{cases}|\alpha\rangle=\dfrac{\varOmega_{c1}}{\sqrt{\varOmega_c^2+E_\alpha^2}}|2\rangle-\dfrac{E_\alpha}{\sqrt{\varOmega_c^2+E_\alpha^2}}|4\rangle+\dfrac{\varOmega_{c2}}{\sqrt{\varOmega_c^2+E_\alpha^2}}|5\rangle\\|\beta\rangle=\dfrac{\varOmega_{c2}}{\varOmega_c}|2\rangle-\dfrac{\varOmega_{c1}}{\varOmega_c}|5\rangle\\|\gamma\rangle=\dfrac{\varOmega_{c1}}{\sqrt{\varOmega_c^2+E_\gamma^2}}|2\rangle-\dfrac{E_\gamma}{\sqrt{\varOmega_c^2+E_\gamma^2}}|4\rangle+\dfrac{\varOmega_{c2}}{\sqrt{\varOmega_c^2+E_\gamma^2}}|5\rangle\end{cases}\tag{3.5}$$

式中，$\varOmega_c^2=|\varOmega_{c1}|^2+|\varOmega_{c2}|^2$。下面考虑单光子大失谐的情况，即在$|\varDelta_{c1}|\gg|\varOmega_{c1}|$、$|\varDelta_{c2}|\gg|\varOmega_{c2}|$的情况下，上面 3 个缀饰态对应的本征值分别变为$E_\alpha=\varepsilon$、$E_\beta=0\text{J}$和$E_\gamma=-\varDelta_{c1}-\varepsilon$，很容易看出$\varepsilon=\left(|\varOmega_{c1}|^2+|\varOmega_{c2}|^2\right)/\varDelta_{c1}$较小。在这种情况下，式（3.5）变为

$$\begin{cases}|\alpha\rangle=\dfrac{\varOmega_{c1}}{\varOmega_c}|2\rangle+\dfrac{\varOmega_{c2}}{\varOmega_c}|5\rangle\\|\beta\rangle=\dfrac{\varOmega_{c2}}{\varOmega_c}|2\rangle-\dfrac{\varOmega_{c1}}{\varOmega_c}|5\rangle\\|\gamma\rangle=-|4\rangle\end{cases}\tag{3.6}$$

从式（3.6）中可以看出，能级$|\gamma\rangle$与能级$|1\rangle$是解耦的，相消干涉发生在$|1\rangle\xleftrightarrow{\omega_{p1}+\omega_{p2}}|\alpha\rangle$和$|1\rangle\xleftrightarrow{\omega_{p1}+\omega_{p2}}|\beta\rangle$这两个双光子跃迁通道之间。这样，EIT 窗口会出现在$\varDelta_{p1}=-\varDelta_{p2}+\varepsilon$和$\varDelta_{p1}=-\varDelta_{p2}$这两个吸收峰之间，并且当$|\varDelta_{c1}|$越来越高（$|\varepsilon|$越来越低）时，EIT 窗口会向双光子共振位置$\varDelta_{p1}+\varDelta_{p2}=0$移动。此外，简单交换两个耦合场的失谐值会发现，EIT 窗口从双光子共振位置的一端移动到对称的另一端（见图 3.3）。这意味着，即使系统具有对称的驱动参数$\varOmega_{c1}=\varOmega_{c2}$和$\varDelta_{c1}=-\varDelta_{c2}$，也不能将这两个耦合场同等地看待。当然，从双光子 EIT 相干控制的角度来讲，这一特征为我们带来了可灵活操控的自由度。

图 3.2 和图 3.3 中的结果来自式（3.2），所选取的参数范围严格满足单光子大失谐且双光子共振的条件。在这种情况下，虽然单光子跃迁概率远小于双光子跃迁概率，但是光谱表现出来的仍然是单光子 EIT 与双光子 EIT 并存。为了彻底消除单光子跃迁带来的影响并简化相关计算，最好的选择是将五能级Λ型原子系统约化为三能级Λ型原子系统，相应地，式（3.1）和式（3.2）分别变为式（3.3）和式（3.4）。基于这两个光学 bloch 方程，我们对比研究两种机制下 EIT 光谱的区别和联系。结果表明，约化三能级Λ型原子系统和原始五能级Λ型原子系统有几乎相同的双光子 EIT 光谱（见图 3.4）。这意味着，在双光子主导的 EIT 机制下的确存在更为简洁且精确的研究多能级原子系统的方法，即通过绝热手段剔除微不足道的单光子跃迁而只保留主要的双光子相消干涉性质。

根据约化三能级Λ型原子系统的缀饰态解释，我们可以定性地分析双光子 EIT 的基本特征。如图 3.1（d）所示，将能级劈裂为两个关联的子能级，它们是能级$|5\rangle$和能级$|2\rangle$的相干叠加态，即

$$\begin{cases}|a\rangle=\dfrac{\varOmega_{c1}}{\varOmega_c}|2\rangle+\dfrac{\varOmega_{c2}}{\varOmega_c}|5\rangle\\[2ex]|b\rangle=\dfrac{\varOmega_{c1}}{\varOmega_c}|2\rangle-\dfrac{\varOmega_{c2}}{\varOmega_c}|5\rangle\end{cases}\tag{3.7}$$

$E_a = \Delta_{5d} - \Delta_{2d} = \varepsilon$ 和 $E_b = 0J$ 是对应缀饰态的本征值。可以看出，约化三能级 Λ 型原子系统的缀饰能级 $|a\rangle$ 和 $|b\rangle$ 与原始五能级 Λ 型原子系统的对应缀饰能级 $|\alpha\rangle$ 和 $|\beta\rangle$ 完全相同。因为相消干涉发生在 $|1\rangle \xleftrightarrow{\omega_{p1}+\omega_{p2}} |a\rangle$ 和 $|1\rangle \xleftrightarrow{\omega_{p1}+\omega_{p2}} |b\rangle$ 这两个双光子跃迁通道之间，所以 EIT 窗口应该出现在 $\Delta_{p1} = -\Delta_{p2} + \varepsilon$ 和 $\Delta_{p1} = -\Delta_{p2}$ 之间。假设 $\Delta_{2d} = \Delta_{5d} = 0$ MHz，我们可以用 $|a\rangle = (|2\rangle + |5\rangle)/\sqrt{2}$（本征值为 $E_a = -|\Omega_{ec}|$）和 $|b\rangle = (|2\rangle - |5\rangle)/\sqrt{2}$（本征值为 $E_b = +|\Omega_{ec}|$）代替式（3.7），那么 EIT 窗口就会精确地处于双光子共振位置 $\Delta_{p1} + \Delta_{p2} = 0$ MHz。因此，可以得到这样的结论：虚光子（频率分别为 ω_{c1} 和 ω_{c2}）的吸收和辐射产生 Stark 移位，从而使 EIT 窗口偏离双光子共振位置。

3.4 偶极阻塞效应对双光子 EIT 的影响

当最高能级 $|5\rangle$ 的主量子数 n 很大时，不能忽略相邻里德堡原子间的偶极—偶极相互作用，这时单体问题变为多体问题。如果偶极—偶极相互作用的具体形式为具有吸引作用的 vdW 作用势，那么只考虑两个原子的哈密顿量为

$$H_{AB} = H_A + H_B + H_{int} \tag{3.8}$$

式中，$H_{int} = -\hbar|55\rangle\langle 55|$ 表示距离为 R 的原子 A 和原子 B 相互作用的哈密顿量，H_A 和 H_B 分别为原子 A 和原子 B 的单原子哈密顿量，与单原子表象中描述光和原子相互作用的式（2.22）完全相同。根据 2.2.2 节的方法，从式（3.8）出发，可以得到关于 25×25 个密度矩阵元 $\rho_{ij,kl}$ $(i,j,k,l \in \{1,2,3,4,5\})$ 的扩展方程组，其中 i 和 j 代表原子 A 的能级，k 和 l 代表原子 B 的能级。这样单里德堡原子布居为 $\rho_{55} = [\mathrm{Tr}^{(B)}(\rho_{55,kl}) + \mathrm{Tr}^{(A)}(\rho_{ij,55})]/2$，它来自 $\rho_{11,55}$、$\rho_{22,55}$、$\rho_{33,55}$、$\rho_{44,55}$、$\rho_{55,11}$、$\rho_{55,22}$、$\rho_{55,33}$、$\rho_{55,44}$ 及 $\rho_{55,55}$ 的贡献。

单里德堡原子布居 ρ_{55} 与单光子探测失谐 Δ_{p1} 的关系曲线如图 3.5 所示，参数同图 3.2（a）。图 3.5 中 3 条曲线的重合度很高，这意味着 vdW 相互作用对

双光子 EIT 光谱几乎没有影响。一般来讲，原子间强烈的偶极作用会映射到光学响应上，从而改变 EIT 光谱，为什么这里会出现这种令人吃惊的结果呢？经过仔细考虑，我们发现这个结果在弱探测场极限下是合理的。为了更好地解释这个结果，我们进一步得到双里德堡原子布居 $\rho_{55,55}$ 和单光子探测失谐 $\varDelta_{p1}$ 的关系曲线，如图 3.6 所示。注意在图 3.6 中，$V(R)=10\text{MHz}$ 和 $V(R)=20\text{MHz}$ 下的曲线均已乘以 10^3。对比图 3.5 和图 3.6 可以发现，当 $V(R)$ 为 0MHz、10MHz、20MHz 时，双里德堡原子布居 $\rho_{55,55}$ 比单里德堡原子布居 ρ_{55} 分别小 2 个、5 个、6 个数量级。这说明，在有效拉比频率很低的情况下，每个原子的布居主要来自单里德堡原子布居的贡献，同时 vdW 相互作用产生的偶极阻塞效应使双原子激发几乎可以忽略不计。为了全面考察 vdW 相互作用引起的 EIT 光谱特性，我们扩大单光子探测失谐范围并重新绘制图 3.5 与图 3.6 中相应的 6 条曲线，得到里德堡原子布居与单光子探测失谐 $\varDelta_{p1}$ 的关系曲线，如图 3.7 所示。除了可以看出双光子共振点附近的 EIT 窗口，还能从光谱中清晰地看出由 vdW 相互作用引起的里德堡能级 $|5\rangle$ 的频率移动，见图 3.7（b）。可以说，如果探测场和耦合场强度足够大，那么双原子激发行为就会像单原子激发一样重要，以至于对于单原子激发而言，偶极阻塞效应不能忽略不计。

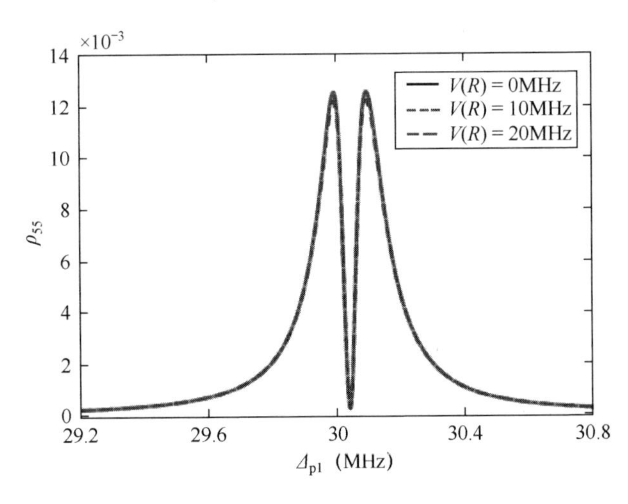

图 3.5　单里德堡原子布居 ρ_{55} 与单光子探测失谐 $\varDelta_{p1}$ 的关系曲线

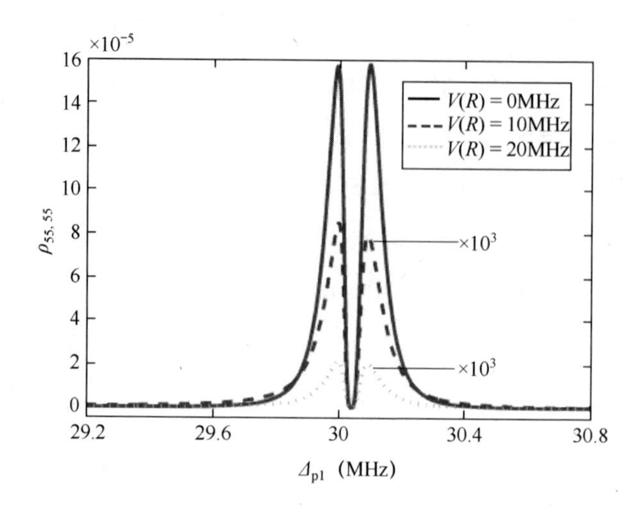

图 3.6　双里德堡原子布居 $\rho_{55,55}$ 与单光子探测失谐 Δ_{p1} 的关系曲线

图 3.7（a）表示单里德堡原子布居 ρ_{55}；图 3.7（b）表示双里德堡原子布居 $\rho_{55,55}$。与图 3.6 比，这里仅扩大了单光子探测失谐范围。

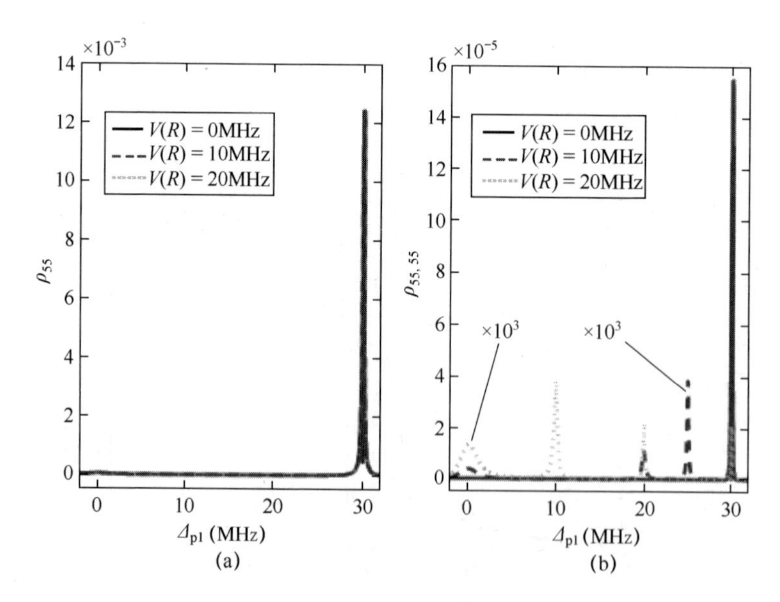

图 3.7　里德堡原子布居与单光子探测失谐 Δ_{p1} 的关系曲线

3.5　本章小结

本章在忽略单光子跃迁且双光子跃迁占主导地位的前提下，研究五能级 Λ 型原子系统的双光子 EIT 性质。结果表明，同步吸收的光子对（频率分别为 ω_{p1} 和 ω_{p2}）能够很好地压缩在一个狭窄的谱线区域内，从而形成双光子 EIT。虽然这个双光子 EIT 的光谱在整体轮廓上与普通的单光子 EIT 的光谱（典型的三能级 Λ 型原子系统）类似，但两者在细节上存在明显差异。借助频率为 ω_{c1} 和 ω_{c2} 的耦合场的缀饰态，可以给出双光子 EIT 的物理解释：两个关联的双光子（非单光子）跃迁通道间发生相消干涉，从而产生双光子 EIT。此外，由于两个中间能级间存在交叉弛豫通道，双光子 EIT 光谱会产生一个直流背景，因此在选择实际原子能级参数时需要关闭这个交叉弛豫通道，从而消除直流背景对双光子 EIT 的不利影响。

为了突出双光子 EIT 性质，利用时间平均的消除理论绝热消除两个中间能级，将双光子跃迁明显占优势的复杂五能级 Λ 型原子系统约化为剔除单光子跃迁的三能级 Λ 型原子系统，这时的约化三能级 Λ 型原子系统只包含双光子跃迁。在理论上，可以获得一个有效哈密顿量，从而大大简化计算过程，这样的好处是能够较好地保留相消干涉导致的双光子 EIT 性质，且不会带来明显错误。另外，考虑到双光子 EIT 的实际应用，进一步将其扩展到一个非常新的研究领域——超冷里德堡原子系综。在这种情况下，相邻里德堡原子间的偶极—偶极相互作用（vdW 相互作用）需要合适地表示出来，因此单原子表象的描述方法不再适用。在正确描述光与两体系统相互作用的基础上，可以发现，在弱探测场极限下，vdW 相互作用对双光子 EIT 光谱几乎没有影响，原因在于双原子激发概率至少比单原子激发概率小 2 个数量级。总之，双光子 EIT 技术有望应用在里德堡激发的相干控制上，如在可调的光谱区域内有选择地抑制里德堡激发等。

参 考 文 献

[1] Harris S E. Electromagnetically Induced Transparency[J]. Physics Today, 1997, 50:36-42.

[2] Harris S E, Field J E, Imamoglu A. Nonlinear Optical Processes Using Electromagnetically Induced Transparency[J]. Physical Review Letters, 1990, 64:1107-1110.

[3] Fleichhauer M, Imamoglu A, Marangos J P. Electromagnetically Induced Transparency: Optics in Coherent Media[J]. Reviews of Modern Physics, 2005, 77:633-673.

[4] Harris S E, Hau L V. Nonlinear Optics at Low Light Levels[J]. Physical Review Letters, 1999, 82:4611-4614.

[5] Lukin M D, Imamoglu A. Controlling Photons Using Electromagnetically Induced Transparency[J]. Nature, 2001, 413:273-276.

[6] Kang H, Zhu Y F. Observation of Large Kerr Nonlinearity at Low Light Intensities[J]. Physical Review Letters, 2003, 91:093601-1-4.

[7] Li S J, Yang X D, Cao X M, et al. Enhanced Cross-Phase Modulation Based on a Double Electromagnetically Induced Transparency in a Four-Level Tripod Atomic System[J]. Physical Review Letters, 2008, 101:073602-1-4.

[8] Van Der Wal, C H, Eisaman M D, Andre A, et al. Atomic Memory for Correlated Photon States[J]. Science, 2003, 301:196-200.

[9] Appel J, Figueroa E, Korystov D, et al. Quantum Memory for Squeezed Light[J]. Physical Review Letters, 2008, 100:093602-1-4.

[10] Choi K S, Deng H, Laurat J, et al. Mapping Photonic Entanglement into and Out of a Quantum Memory[J]. Nature, 2008, 452:67-71.

[11] Ottaviani C, Vitali D, Artoni M, et al. Polarization Qubit Phase Gate in Driven Atomic Media[J]. Physical Review Letters, 2003, 90:197902-1-4.

[12] Petrosyan D. Towards Deterministic Optical Quantum Computation with Coherently Driven Atomic Ensembles[J]. Journal of Optics B: Quantum and Semiclassical Optics, 2005, 7:S141-S151.

[13] Paternostro M, Kim M S, Ham B S. Generation of Entangled Coherent States via Cross-Phase-Modulation in a Double Electromagnetically Induced Transparency Regime[J]. Physical Review A, 2003, 67:023811-1-15.

[14] Payne M G, Deng L. Quantum Entanglement of Fock States with Perfectly Efficient Ultraslow Single-Probe Photon Four-Wave Mixing[J]. Physical Review Letters, 2003, 91:123602-1-4.

[15] Agarwal G S, Harshawardhan W. Inhibition and Enhancement of Two Photon Absorption[J]. Physical Review Letters, 1996, 77:1039-1042.

[16] Gao J Y, Yang S H, Wang D, et al. Electromagnetically Induced Inhibition of Two-Photon Absorption in Sodium Vapor[J]. Physical Review A, 2000, 61:023401-1-3.

[17] Wang D, Gao J Y, Xu J H, et al. Electromagnetically Induced Two-Photon Transparency in Rubidium Atoms[J]. Europhys Letters, 2001, 54:456-460.

[18] Saffman M, Walker T, Mølmer K. Quantum Information with Rydberg Atoms[J]. Reviews of Modern Physics, 2010, 82(3):2313-2363.

[19] Lukin M D, Fleischhauer M, Cote R, et al. Dipole Blockade and Quantum Information Processing in Mesoscopic Atomic Ensembles[J]. Physical Review Letters, 2001, 87:037901-1-4.

[20] Tong D, Farooqi S M, Stanojevic J, et al. Local Blockade of Rydberg Excitation in an Ultracold Gas[J]. Physical Review Letters, 2004, 93:063001-1-4.

[21] Singer K, Reetz-Lamour M, Amthor T, et al. Suppression of Excitation and Spectral Broadening Induced by Interactions in a Cold Gas of Rydberg Atoms[J]. Physical Review Letters, 2004, 93:163001-1-4.

[22] Amthor T, Giese C, Hofmann C S, et al. Evidence of Antiblockade in an Ultracold Rydberg Gas[J]. Physical Review Letters, 2010, 104:013001-1-4.

[23] Cubel T, Teo B K, Malinovsky V S, et al. Coherent Population Transfer of Ground-State Atoms into Rydberg States[J]. Physical Review A, 2005, 72:023405-1-4.

[24] Schempp H, Gunter G, Hofmann C S, et al. Coherent Population Trapping with Controlled Interparticle Interactions[J]. Physical Review Letters, 2010, 104:173602-1-4.

第 4 章　里德堡原子中的线性光学响应和合作光学非线性

4.1　引言

偶极作用会改变原子的相干里德堡激发行为，导致在偶极阻塞区域只有一个原子被激发到里德堡态，从而形成偶极阻塞效应[1-4]。第 3 章在简单的两体模型中讨论了 vdW 相互作用对双光子 EIT 的影响，后面会系统考察 EIT 机制下里德堡原子系综的透射光谱和双光子关联性质。在偶极阻塞效应下，一个原子的光学响应会被周围其他原子改变，这些原子会产生一种合作效应。利用 EIT 技术能将强烈的偶极作用映射到光学跃迁上，从而产生区别于线性光学响应的非线性现象，称为合作光学非线性[5-7]，它的主要特征是对探测场强度、初始光子关联及原子密度等十分敏感。除了正常合作光学非线性效应（本章及其他所有文献提到的合作光学非线性效应都是正常合作光学非线性效应），我们还发现了反常合作光学非线性效应。虽然它们的光学响应都表现出对探测场强度敏感的性质，但是表现出的行为却完全相反：正常合作光学非线性效应表现为随探测场强度的增大，透射率降低、二阶关联函数减小；反常合作光学非线性效应则相反。

线性光学响应和合作光学非线性如图 4.1 所示。图 4.1（a）表示单原子的极化率为 $\tilde{\chi}$；图 4.1（b）表示一对独立原子的极化率为 $\chi = 2\tilde{\chi}$，该系统的极化率随原子数的增加而线性提高；图 4.1（c）表示偶极作用会改变一对原子的极化率的线性关系。

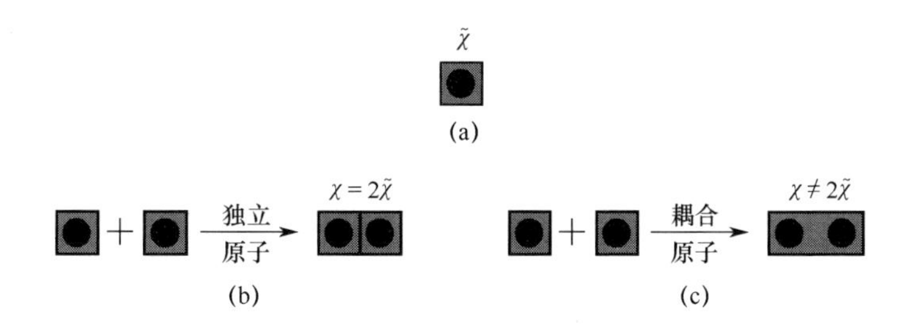

图 4.1 线性光学响应和合作光学非线性

一般来讲，非线性介质往往被理解为受光场驱动的、独立且没有相互作用的量子系统，如独立原子系统[8]。在这样的体系中，知道一个原子的光学响应就能得到整个介质的光学性质，见图 4.1（b）。然而，只要引入原子间偶极—偶极相互作用，每个原子的光学响应就会依赖相邻原子，这时只考虑一个原子的光学响应是远远不够的，还需要把所有原子在激发中所起的作用都考虑进来。第 11 章考虑了稀薄原子介质（偶极阻塞球内仅有两个原子）的情况。在弱探测场极限下，双原子激发的 EIT 光谱与普通的线性 EIT 有明显区别，因此可以想象，对于原子密度较大（这时偶极阻塞球内的原子较多）的介质，EIT 光谱一定会表现出新的性质。在这种情况下，精确描述系统的物理性质需要借助多体方程。例如，系统中有 N 个三能级原子，准确刻画其方程的 Hilbert 空间的维数为 3^N，因此除了一些少体系统和简单能级系统，大多数多原子系统或原子结构复杂的系统根本不能精确求解。近期，Petrosyan 等提出了一种新方法，以处理这种多体 EIT 问题[9]，即将处理多体问题的平均场理论与描述量子属性的双光子关联有机结合。结果显示，在相同的实验参数下，采用这种方法得到的数值模拟结果与非线性 EIT 的实验数据吻合[10]。需要说明的是，尽管这个方法是在弱探测场近似下得到的，但是它适用于较大范围的探测场强度[8]，在研究由偶极作用引起的合作光学非线性方面，该方法非常有效。

有了这个有力的工具[8]，就可以研究 vdW 相互作用下的里德堡原子的 EIT 光学响应了，选取的研究对象为超冷倒 Y 型 ^{87}Rb 原子系统。与三能级 Λ 型原子系统相比，因为它增加了一个相干耦合场，所以对四能级倒 Y 型原子系统的光学相干控制更灵活。又因为原子最高能级为里德堡态，所以这个系统表现出非常丰富的物理性质。我们的研究表明，在探测场的透射光谱中通常会出现两个 EIT 窗口，它们分别与基态到里德堡态或亚稳态的双光子跃迁对应。进一步研究发现，前者依赖探测场强度，表现出合作光学非线性效应；后者则表现出对探测场强度不敏感的线性 EIT。另外，探测光的统计特性往往会发生变化，在正常非线性 EIT 窗口内，双光子关联明显降低，因而产生反聚束的出射光。在这两个 EIT 窗口之间，双光子关联显著提高，这意味着出射光是聚束的。当两个窗口简并时，因为 EIT 窗口中心的透射率和双光子关联几乎不随探测场强度的变化而变化，所以可以断定非线性光学响应被线性光学响应掩盖，我们进一步发现只有当两个耦合场强度相当时才会出现这种现象。

4.2 理论模型和方程

4.2.1 海森堡—郎之万方程和超级原子模型

四能级倒 Y 型原子系统结构如图 4.2 所示。图 4.2（a）表示相互作用的四能级倒 Y 型原子系统模型，其中，Ω_{c} 和 Ω_{d} 为经典驱动场的拉比频率，$\hat{\Omega}_{\mathrm{p}}$ 为量子探测场的拉比频率，V_{vdW} 为里德堡原子间的 vdW 作用势；图 4.2（b）表示超级原子的多能级结构，集体态的数量由中间激发态 $|e\rangle$ 上的原子数决定。

在图 4.2（a）中，$|g\rangle$ 为基态，$|m\rangle$ 为亚稳态，$|e\rangle$ 为中间激发态，$|r\rangle$ 为里德堡态。两个经典的相干电磁场（拉比频率为 Ω_{c} 和 Ω_{d}）分别驱动跃迁 $|e\rangle \leftrightarrow |r\rangle$ 和 $|m\rangle \leftrightarrow |e\rangle$，$\delta_{\mathrm{c}} = \omega_{\mathrm{c}} - \omega_{\mathrm{re}}$ 和 $\delta_{\mathrm{d}} = \omega_{\mathrm{d}} - \omega_{\mathrm{em}}$ 分别为对应的单光子失谐。弱探测场的拉比频率 $\hat{\Omega}_{\mathrm{p}} = \eta \hat{\varepsilon}_{\mathrm{p}}$，探测跃迁 $|g\rangle \leftrightarrow |e\rangle$，其中 $\eta = \wp_{\mathrm{ge}} \sqrt{\omega_{\mathrm{p}} / (2\hbar \varepsilon_0 V)}$ 为耦合强度，$\delta_{\mathrm{p}} = \omega_{\mathrm{p}} - \omega_{\mathrm{eg}}$ 为单光子探测失谐。距离为 R 的两个原子，如果都被激发到里德堡态 $|r\rangle$ 上，则它们之间的 vdW 作用势为 $V_{\mathrm{vdW}} = \hbar C_6 / R^6$，其中，$C_6$ 为 vdW 系数。含有 $N = \iiint \rho(r) \mathrm{d}^3 r$ 个原子的系统的哈密顿量为

$$H = H_{\mathrm{AF}} + H_{\mathrm{vdW}} \tag{4.1}$$

H_{AF} 为描述 N 个原子与光的相互作用的哈密顿量，即

$$H_{\mathrm{AF}} = -\hbar\sum_{i}^{N}\{[\delta_{\mathrm{p}}\hat{\sigma}_{\mathrm{ee}}^{i} + \varDelta_1\hat{\sigma}_{\mathrm{rr}}^{i} + \varDelta_2\hat{\sigma}_{\mathrm{mm}}^{i}] + [\hat{\varOmega}_{\mathrm{p}}\hat{\sigma}_{\mathrm{eg}}^{i} + \varOmega_{\mathrm{c}}\hat{\sigma}_{\mathrm{re}}^{i} + \varOmega_{\mathrm{d}}\hat{\sigma}_{\mathrm{em}}^{i} + \mathrm{h.c.}]\} \tag{4.2}$$

式中，$\hat{\sigma}_{\mu\upsilon}^{i} \equiv |\mu\rangle\langle\upsilon|$ 表示第 i 个原子的跃迁算符（$\mu \neq \upsilon$）或投影算符（$\mu = \upsilon$），$\varDelta_1 = \delta_{\mathrm{p}} + \delta_{\mathrm{c}}$ 和 $\varDelta_2 = \delta_{\mathrm{p}} - \delta_{\mathrm{d}}$ 分别为 $|g\rangle$ 到 $|r\rangle$ 和 $|g\rangle$ 到 $|m\rangle$ 的双光子失谐。

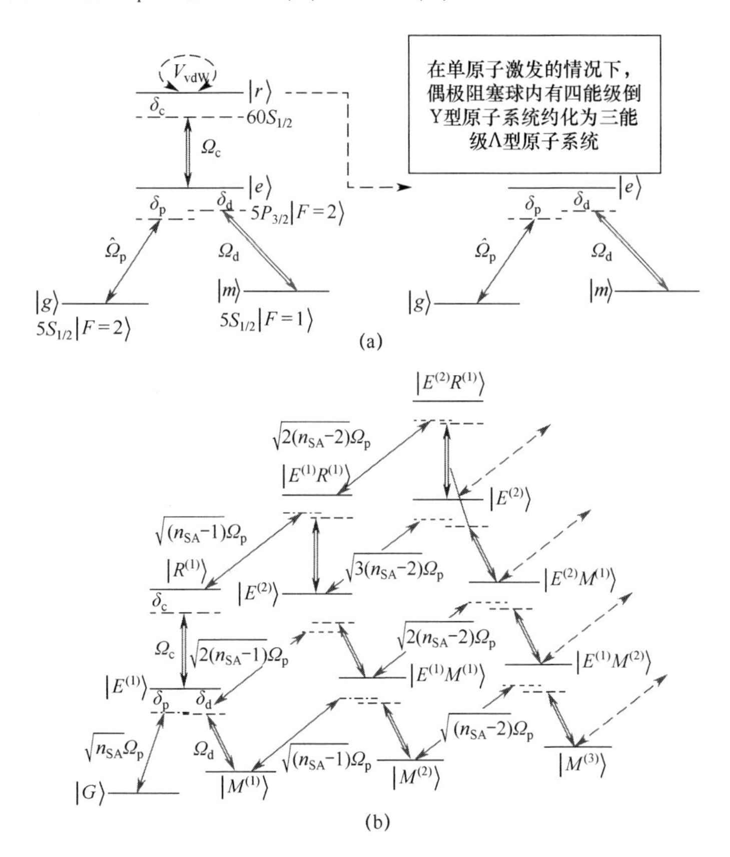

图 4.2　四能级倒 Y 型原子系统结构

H_{vdW} 为描述原子间相互作用的哈密顿量，即

$$H_{\mathrm{vdW}} = \hbar\sum_{i<j}^{N}\frac{C_6}{R_{ij}^{6}}\hat{\sigma}_{\mathrm{rr}}^{i}\hat{\sigma}_{\mathrm{rr}}^{j} \tag{4.3}$$

考虑到探测场在介质中沿 z 轴传播，系统满足的海森堡—郎之万方程为

$$\begin{cases}\partial_t\hat{\varepsilon}_{\mathrm{p}}(z)=-c\partial_z\hat{\varepsilon}_{\mathrm{p}}(z)+i\eta N\hat{\sigma}_{\mathrm{ge}}(z)\\ \partial_t\hat{\sigma}_{\mathrm{ge}}(z)=-(i\delta_{\mathrm{p}}+\gamma_{\mathrm{e}})\hat{\sigma}_{\mathrm{ge}}(z)-i\Omega_{\mathrm{c}}\hat{\sigma}_{\mathrm{gr}}(z)-i\Omega_{\mathrm{d}}^{*}\hat{\sigma}_{\mathrm{gm}}(z)+i\hat{\Omega}_{\mathrm{p}}^{\dagger}[\hat{\sigma}_{\mathrm{ee}}(z)-\hat{\sigma}_{\mathrm{gg}}(z)]\\ \partial_t\hat{\sigma}_{\mathrm{gr}}(z)=-[i\Delta_1+i\hat{S}(z)+\gamma_{\mathrm{r}}]\hat{\sigma}_{\mathrm{gr}}(z)-i\Omega_{\mathrm{c}}^{*}\hat{\sigma}_{\mathrm{ge}}(z)+i\hat{\Omega}_{\mathrm{p}}^{\dagger}\sigma_{\mathrm{er}}(z)\\ \partial_t\hat{\sigma}_{\mathrm{gm}}(z)=-(i\Delta_2+\gamma_{\mathrm{m}})\hat{\sigma}_{\mathrm{gm}}(z)-i\Omega_{\mathrm{d}}^{*}\hat{\sigma}_{\mathrm{ge}}(z)+i\hat{\Omega}_{\mathrm{p}}^{\dagger}\hat{\sigma}_{\mathrm{em}}(z)\end{cases} \tag{4.4}$$

式中，γ_{e}、γ_{r} 和 γ_{m} 是相应能级的退相位速率，而 $\hat{S}(z)$ 是 vdW 相互作用引起的 z 处原子里德堡激发的能级移动，在平均场近似下转化为双光子失谐。注意，这里 $\hat{\sigma}_{\mu\upsilon}(z)$ 代表位于 z 处的小体积元 ΔV 内所有 $\hat{\sigma}_{\mu\upsilon}^{i}$ 的平均值，即 $\hat{\sigma}_{\mu\upsilon}(z)$ 为平均跃迁算符。如果大多数原子布居在基态 $|g\rangle$ 上，那么式（4.4）中的 $\hat{\sigma}_{\mathrm{em}}(z)$、$\hat{\sigma}_{\mathrm{er}}(z)$ 和 $\hat{\sigma}_{\mathrm{mr}}(z)$ 可以忽略不计。

在严格的偶极阻塞机制下，偶极阻塞球（半径为 $R_{\mathrm{b}}\approx[\gamma_{\mathrm{e}}C_6/(|\Omega_{\mathrm{c}}|^2+|\Omega_{\mathrm{d}}|^2)]^{1/6}$）内只有一个原子能被激发到里德堡态 $|r\rangle$ 上。借助超级原子概念，原子样品可以看作由无偶极相互作用的超级原子组成，其中，每个超级原子含有 $n_{\mathrm{SA}}=\rho(r)V_{\mathrm{SA}}$ 个原子，$V_{\mathrm{SA}}=4\pi R_{\mathrm{b}}^3/3$ 为偶极阻塞球体积。根据超级原子的定义，可知每个超级原子含有很多集体态。因为存在偶极阻塞效应，所以在每个集体态中不会有超过一个里德堡原子被激发。例如，$|G\rangle=|g\rangle^{\otimes n}$、$|M^{(1)}\rangle=\sum_{j}^{n_{\mathrm{SA}}}|g_1,g_2,\cdots,m_j,\cdots,g_{n_{\mathrm{SA}}}\rangle/\sqrt{n_{\mathrm{SA}}}$、$|E^{(1)}\rangle=\sum_{j}^{n_{\mathrm{SA}}}|g_1,g_2,\cdots,e_j,\cdots,g_{n_{\mathrm{SA}}}\rangle/\sqrt{n_{\mathrm{SA}}}$ 和 $|R^{(1)}\rangle=\sum_{j}^{n_{\mathrm{SA}}}|g_1,g_2,\cdots,r_j,\cdots,g_{n_{\mathrm{SA}}}\rangle/\sqrt{n_{\mathrm{SA}}}$ 等，见图 4.2（b）。在本系统中，超级原子具有 n 能级结构，其中 $n=(l^2+5l+2)/2$，l 为中间激发态 $|e\rangle$ 上的最大原子数。在探测场不太强的情况下，可以合理地认为每个超级原子中至多有一个原子被激发到能级 $|e\rangle$。在这种情况下，仅用 4 个集体态 $|G\rangle$、$|M^{(1)}\rangle$、$|E^{(1)}\rangle$ 和 $|R^{(1)}\rangle$ 就能很好地描述四能级倒 Y 型超级原子系统。对于截断的超级原子系统，相应的跃迁算符定义为 $\hat{\Sigma}_{\mathrm{GE}}=|G\rangle\langle E^{(1)}|$、$\hat{\Sigma}_{\mathrm{GR}}=|G\rangle\langle R^{(1)}|$ 和 $\hat{\Sigma}_{\mathrm{GM}}=|G\rangle\langle M^{(1)}|$，它们的动力学演化规律与 $\hat{\sigma}_{\mathrm{ge}}(z)$、$\hat{\sigma}_{\mathrm{gr}}(z)$、$\hat{\sigma}_{\mathrm{gm}}(z)$ 一样，遵循式（4.4），只不过需要用 $\sqrt{n_{\mathrm{SA}}}\hat{\Omega}_{\mathrm{p}}$ 代替式（4.4）中的 $\hat{\Omega}_{\mathrm{p}}$。

为了确定超级原子的能级结构（确定集体态的），需要预先估计一定探测场强度下中间激发态$|e\rangle$上的原子数。在不考虑偶极作用的条件下，中间激发态原子布居ρ_{ee}和单光子探测失谐δ_p的关系如图 4.3 所示。其中，$\Omega_c = \Omega_d = 2.5\text{MHz}$，$\delta_c = 0\text{MHz}$，$\delta_d = 4\text{MHz}$，$\gamma_e = 3\text{MHz}$，$\gamma_r = 10\text{kHz}$，$\gamma_m = 1\text{kHz}$。由图 4.3 可知，在四能级倒 Y 型原子系统中，当$\Omega_p = 1\text{MHz}$时，在探测共振频率附近，ρ_{ee}的最大值约为 0.04；在三能级 Λ 型原子系统中，当$\Omega_p = 1\text{MHz}$时，在探测共振频率附近，ρ_{ee}的最大值约为 0.05。这意味着，当恰好满足$\Omega_p = \gamma_e / 3$时，对于约含有 20 个原子的超级原子而言，至多有一个超冷 ^{87}Rb 原子被激发到中间激发态$|e\rangle$。同时，由于存在完美的相消干涉，所以在共振点$\delta_c = \delta_p$处，ρ_{ee}接近零。这说明，即使探测场强度很大，在弱探测场近似下推导得到的方法[8]在描述共振点处的光学性质方面也是有效的。

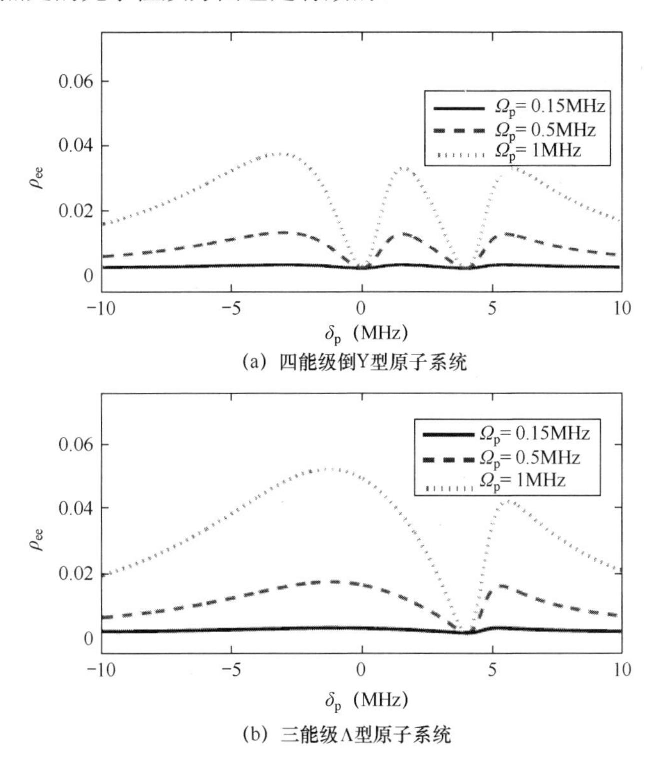

(a) 四能级倒Y型原子系统

(b) 三能级Λ型原子系统

图 4.3　中间激发态原子布居ρ_{ee}与单光子探测失谐δ_p的关系曲线

4.2.2 条件极化率和传播方程

当位于 z 处的超级原子中只有一个原子被激发到 $|R^{(1)}\rangle$ 时，vdW 相互作用引起的频率移动为 $\langle\hat{S}_1(z)\rangle\to\infty$，即 $\langle\hat{S}_1(z)\rangle\gg\gamma_e$。在严格的偶极阻塞效应下，因为集体态 $|R^{(1)}\rangle$ 与 $|G\rangle$、$|E^{(1)}\rangle$ 和 $|M^{(1)}\rangle$ 相干解耦，所以超级原子的行为类似于三能级 Λ 型原子系统而非四能级倒 Y 型原子系统。否则，vdW 相互作用引起的频率移动满足 $\langle\hat{S}_1(z)\rangle\simeq C_6/(8R_b^6)\langle\hat{\Sigma}_{RR}(z)\rangle$，其中 $\hat{\Sigma}_{RR}(z)=\hat{\Sigma}_{RG}(z)\hat{\Sigma}_{GR}(z)$ 为投影算符。基于上述考虑，总极化率可以分为两部分，即

$$\hat{\alpha}(z)=\alpha_{TL3}\hat{\Sigma}_{RR}(z)+\alpha_{IY4}[1-\hat{\Sigma}_{RR}(z)] \tag{4.5}$$

典型的三能级 Λ 型原子系统的极化率为

$$\alpha_{TL3}=\frac{-i\gamma_e}{i\delta_p+\gamma_e+|\Omega_d|^2(i\Delta_2+\gamma_m)^{-1}} \tag{4.6}$$

四能级倒 Y 型原子系统的极化率为

$$\alpha_{IY4}=\frac{-i\gamma_e}{i\delta_p+\gamma_e+\dfrac{|\Omega_d|^2}{i\Delta_2+\gamma_m}+\dfrac{|\Omega_c|^2}{i\left(\Delta_1-\langle\hat{S}_2(z)\rangle\right)+\gamma_r}} \tag{4.7}$$

总极化率 $\hat{\alpha}(z)$ 的具体形式与 z 处的超级原子是否被激发到 $|R^{(1)}\rangle$ 有关：当 $\hat{\Sigma}_{RR}(z)=1$ 时，有 $\hat{\alpha}(z)=\alpha_{TL3}$；当 $\hat{\Sigma}_{RR}(z)=0$ 时，有 $\hat{\alpha}(z)=\alpha_{IY4}$。对于 $|\Omega_p|^2=|\eta|^2\langle\hat{\varepsilon}_p^{\dagger}(z)\hat{\varepsilon}_p(z)\rangle\leqslant\gamma_e^2/9$，投影算符为

$$\hat{\Sigma}_{RR}(z)=\frac{\Delta_2^2|\Omega_c|^2 n_{SA}|\eta|^2\hat{\varepsilon}_p^{\dagger}(z)\hat{\varepsilon}_p(z)}{\Delta_2^2|\Omega_c|^2 n_{SA}|\eta|^2\hat{\varepsilon}_p^{\dagger}(z)\hat{\varepsilon}_p(z)+X_1+X_2} \tag{4.8}$$

式中，$X_1=\Delta_2^2[(|\Omega_c|^2-\delta_p\Delta_1)^2+\gamma_e^2\Delta_1^2]$，$X_2=\Delta_1|\Omega_d|^2[\Delta_1|\Omega_d|^2+2\Delta_2|\Omega_c|^2-2\delta_p\Delta_1\Delta_2]$。

就局域性光学响应而言，原子样品显然是具有各向异性的，总的光学响应可以根据探测场强度 $I_p(z)=\langle\hat{\varepsilon}_p^{\dagger}(z)\hat{\varepsilon}_p(z)\rangle$ 满足的传播方程获得，即

$$\partial_z\langle\hat{\varepsilon}_p^{\dagger}(z)\hat{\varepsilon}_p(z)\rangle=-\kappa(z)\langle\hat{\varepsilon}_p^{\dagger}(z)\,\mathrm{Im}[\hat{\alpha}(z)]\hat{\varepsilon}_p(z)\rangle \tag{4.9}$$

式中，$\kappa(z)=\rho(z)\omega_{\mathrm{p}}\left|\wp_{\mathrm{ge}}{}^{2}\right|/(\hbar\varepsilon_0 c\gamma_{\mathrm{e}})$ 为共振吸收系数，$\rho(z)$ 为 z 处的原子密度。

为了研究透射率 $I_{\mathrm{p}}(L)/I_{\mathrm{p}}(0)$ 的变化，需要将式（4.9）中的 $\mathrm{Im}[\hat{\alpha}(z)]$ 分离出来。考虑到探测场为量子场，除强度外，还有量子关联性质，因此分别用 $\langle\hat{\alpha}(z)\rangle$、$\langle\hat{\Sigma}_{\mathrm{RR}}(z)\rangle$ 和 $\langle\hat{\varepsilon}_{\mathrm{p}}^{\dagger}(z)\hat{\varepsilon}_{\mathrm{p}}(z)\rangle g_{\mathrm{p}}^{(2)}(z)$ 代替式（4.5）、式（4.8）和式（4.9）中的 $\hat{\alpha}(z)$、$\hat{\Sigma}_{\mathrm{RR}}(z)$ 和 $\hat{\varepsilon}_{\mathrm{p}}^{\dagger}(z)\hat{\varepsilon}_{\mathrm{p}}(z)$。这说明虽然通过平均场近似能够大大减小求解多体问题的难度，但是它忽略了原子间的关联性质，因此要引入二阶关联函数 $g_{\mathrm{p}}^{(2)}(z)=\langle\hat{\varepsilon}_{\mathrm{p}}^{\dagger 2}(z)\hat{\varepsilon}_{\mathrm{p}}^{2}(z)\rangle/\langle\hat{\varepsilon}_{\mathrm{p}}^{\dagger}(z)\hat{\varepsilon}_{\mathrm{p}}(z)\rangle^{2}$。这里的二阶关联函数满足的微分方程为

$$\partial_z g_{\mathrm{p}}^{(2)}(z)=-\kappa(z)\langle\hat{\Sigma}_{\mathrm{RR}}(z)\rangle\mathrm{Im}(\alpha_{\mathrm{TL3}}-\alpha_{\mathrm{IY4}})g_{\mathrm{p}}^{(2)}(z) \tag{4.10}$$

给定初值 $I_{\mathrm{p}}(0)=\langle\hat{\varepsilon}_{\mathrm{p}}^{\dagger}(0)\hat{\varepsilon}_{\mathrm{p}}(0)\rangle$ 和 $g_{\mathrm{p}}^{(2)}(0)$（对于经典光，有 $g_{\mathrm{p}}^{(2)}(0)=1$），可以根据统计过程求解探测场强度和双光子关联满足的耦合方程组，即式（4.5）至式（4.10）。具体来讲，先将长度为 L 的样品平均分成 $L/(2R_{\mathrm{SA}})$ 段，然后在每段中通过 Monte-Carlo 采样判断是 $\langle\hat{\Sigma}_{\mathrm{RR}}(z)\rangle\to 1$ 还是 $\langle\hat{\Sigma}_{\mathrm{RR}}(z)\rangle\to 0$。在保证每次操作都独立的前提下，多次重复这样的过程，对相关的量取平均值，就可以得到探测场穿过相互作用的超冷原子样品的透射率和二阶关联函数了。

4.3　数值模拟结果及理论分析

下面利用实际的实验参数进行数值模拟，然后对数值模拟结果进行理论分析。在超冷 ^{87}Rb 原子中，令 $\gamma_{\mathrm{e}}=3\mathrm{MHz}$、$\gamma_{\mathrm{r}}=10\mathrm{kHz}$、$\gamma_{\mathrm{m}}=1\mathrm{kHz}$、$C_6=1.4\times10^{11}\mathrm{s}^{-1}\mu\mathrm{m}^{6}$、$\rho(z)=1.5\times10^{7}\mathrm{mm}^{-3}$、样品长度 $L=1.5\mathrm{mm}$。原子能级 $|g\rangle$、$|m\rangle$、$|e\rangle$ 和 $|r\rangle$ 分别对应 $5S_{1/2}|F=2\rangle$、$5S_{1/2}|F=1\rangle$、$5P_{3/2}|F=2\rangle$ 和 $60S_{1/2}$。令两个强耦合场的拉比频率为 $\Omega_{\mathrm{c}}=\Omega_{\mathrm{d}}=2.5\mathrm{MHz}$，通过计算可知，每个超级原子的半径约为 $5.68\mu\mathrm{m}$，含有 11.5 个超冷 ^{87}Rb 原子。

具有两个透明窗口的探测场透射光谱如图 4.4 所示。图 4.4 给出了当 $\delta_{\mathrm{c}}=0\mathrm{MHz}$ 和 $\delta_{\mathrm{d}}=4\mathrm{MHz}$ 时，样品出口处的探测场强度和关联性质。可以看

出，在透射光谱中存在两个透明窗口，它们分别对应基态$|g\rangle$到里德堡态$|r\rangle$和亚稳态$|m\rangle$的双光子共振跃迁。对于$\delta_{\mathrm{c}}=0\mathrm{MHz}$的透明窗口，透射光谱表现出合作光学非线性效应，即输入探测场强度越大，吸收越大。然而对于另一个透明窗口，透射率接近 1 且不依赖探测场强度，表现出线性光学响应。四能级倒 Y 型原子系统在双光子关联方面也具有独特之处：在非线性透明窗口内，双光子关联接近零，而当$\Omega_{\mathrm{p}}(0)=1\mathrm{MHz}$时，线性透明窗口和非线性透明窗口的二阶关联函数值为 13。这意味着，出射探测光的统计特性已被原子介质改变，前者对应反聚束效应，后者对应聚束效应。

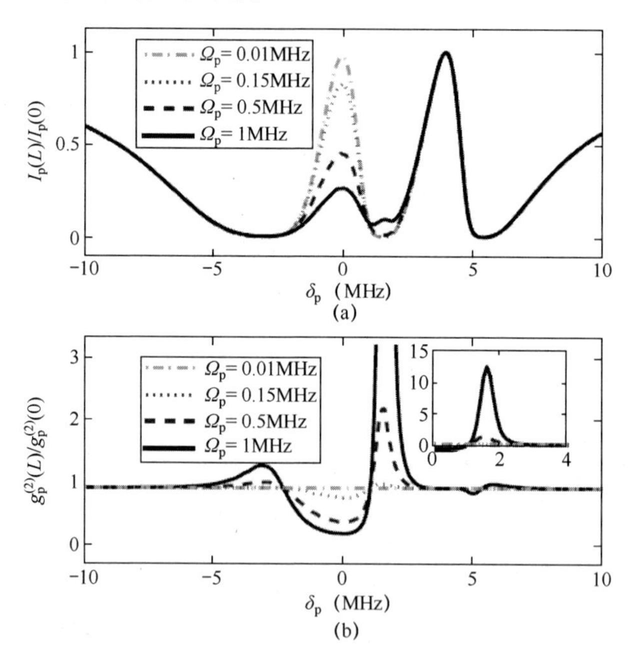

图 4.4 具有两个透明窗口的探测场透射光谱

简并透明窗口的探测场透射光谱如图 4.5 所示。图 4.5 对应两个耦合场均为共振跃迁的情况，此时线性透明窗口与非线性透明窗口叠加，几乎不能区分。在简并的透明窗口内，透射率对输入探测场强度不敏感，显然线性光学响应占绝对的主导地位。然而，vdW 相互作用引起的非线性效应在简并的透明窗口两翼部分有所体现，可以看到，透明窗口随探测场强度的提高而变窄。此外，由于在近共振（$\delta_{\mathrm{p}}=0\mathrm{MHz}$）处双光子关联消失，所以二阶关联函数表现为对称的双凹陷结构。这时我们产生疑问：在 EIT 窗口简并的情况下，就透射率和双光子关联而言，线性光学响应真的可以掩盖非线性光学响应且不留一点痕迹吗？带着这个疑问，我们进一步考察共振处透射率和二阶关联函数与耦合场拉比频率 Ω_{d} 的关系，关系曲线如图 4.6 所示，$\delta_{\mathrm{c}}=\delta_{\mathrm{d}}=0\mathrm{MHz}$，其他参数同图 4.4。从图 4.6 中可以看出，当拉比频率为 Ω_{d} 的耦合场引起的线性光学响应远远弱于拉比频率为 Ω_{c} 的耦合场引起的非线性光学响应时，探测场透射率很低，同时伴有强烈的反聚束效应。仅当 $\Omega_{\mathrm{d}}\geqslant\Omega_{\mathrm{c}}/2$ 时，简并透明窗口中心处有 $I_{\mathrm{p}}(L)/I_{\mathrm{p}}(0)\to1$ 和 $g_{\mathrm{p}}^{(2)}(L)/\ g_{\mathrm{p}}^{(0)}(0)\to1$，这表明非线性透明窗口基本隐藏在线性透明窗口后面。共振处探测场透射光谱的其他特征曲线如图 4.7 所示。图 4.7 进一步表明，当且仅当满足 $\Omega_{\mathrm{d}}\geqslant2\Omega_{\mathrm{c}}$（$\Omega_{\mathrm{d}}\geqslant3\Omega_{\mathrm{c}}$）时，$\Omega_{\mathrm{p}}=0.01\mathrm{MHz}$ 和 $\Omega_{\mathrm{p}}=1\mathrm{MHz}$ 对应的简并透明窗口的全宽 δ_{EIT}（双光子关联曲线中坑的深度 $1-g_{\mathrm{p}}^{(2)}(L)/g_{\mathrm{p}}^{(0)}(0)$）是一样的。这意味着，如果使线性光学响应完全占优势（表现为完全遮挡非线性透明窗口，抚平双光子关联函数的双凹陷结构），那么会对拉比频率为 Ω_{d} 的耦合场有更高要求。

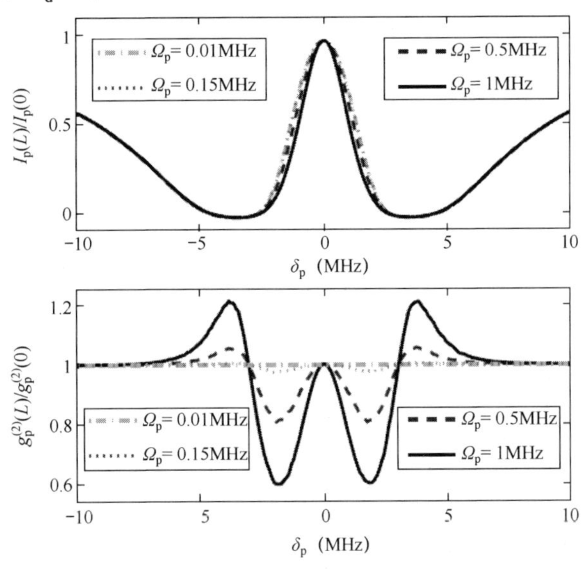

图 4.5　简并透明窗口的探测场透射光谱

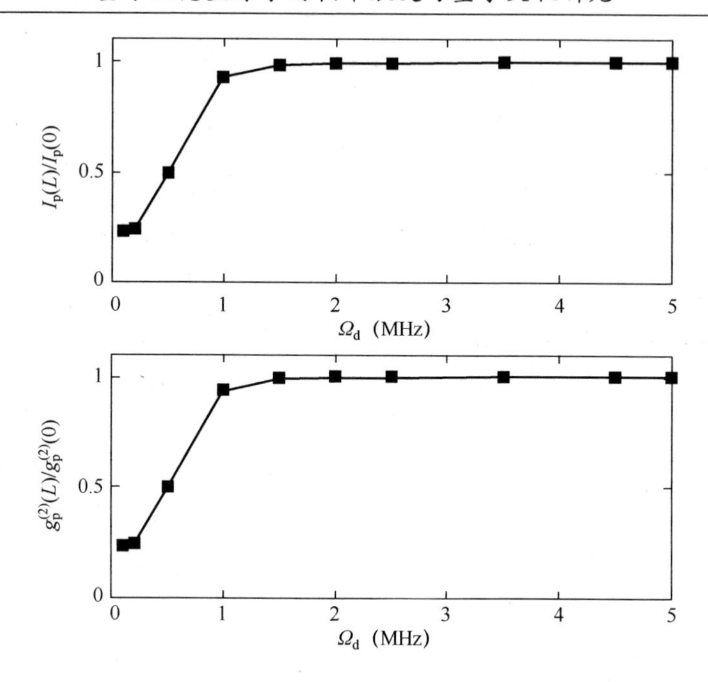

图 4.6 共振处透射率和二阶关联函数与耦合场拉比频率的关系曲线

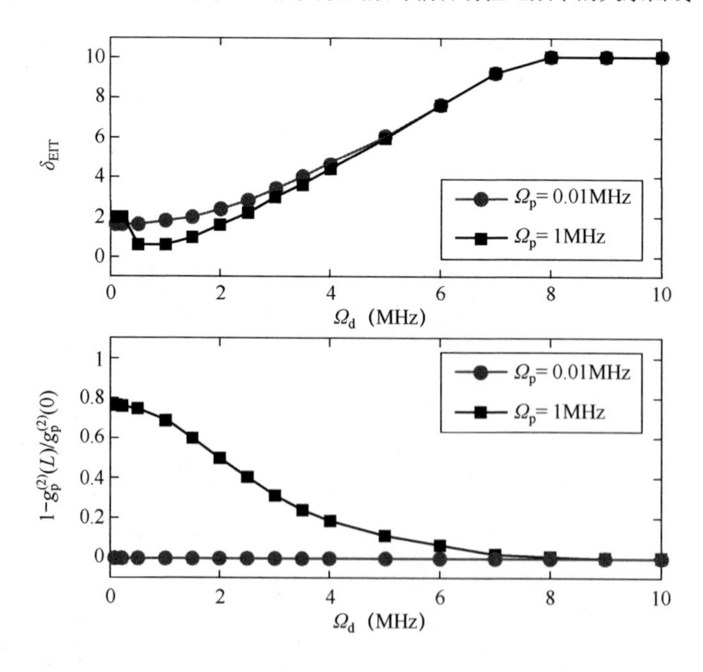

图 4.7 共振处探测场透射光谱的其他特征曲线

4.4　本章小结

一般来讲，探测场穿过耦合原子样品与穿过独立原子样品不同。对于前者，原子间的相互作用会映射到光学跃迁上，从而使探测场表现出非线性光学响应；对于后者，则表现出线性光学响应。本章通过选取恰当的原子结构，在一定参数下同时实现了两种 EIT 响应。具体表现在探测场透射光谱和双光子关联对探测场强度的依赖关系上：在非线性透明窗口内，透射率随探测场强度的变化而变化；而在线性透明窗口内，透射率不会变化。值得一提的是，通过调制失谐既能得到完全分离的线性和非线性 EIT 窗口，又能得到简并的透明窗口。在 EIT 窗口简并的情况下，我们发现通过控制耦合场强度可以实现线性光学响应占优势的 EIT 光谱。在考虑偶极阻塞效应的前提下，与三能级 Λ 型原子系统相比，四能级倒 Y 型原子系统具有的优势也主要体现在这里。利用这些优势，我们可以更灵活地操控量子场，根据需求改变量子场的关联性质。如果入射探测场为相干电磁场，光子满足泊松分布（$g_{\mathrm{p}}^{(2)}(0)=1$），通过超冷原子系综后可以实现亚泊松分布（$g_{\mathrm{p}}^{(2)}(0)<1$）或超泊松分布（$g_{\mathrm{p}}^{(2)}(0)>1$）。这种光子统计特性的变化有潜在应用，如制备一系列在空间上相邻的单光子脉冲或实现高 Fock 态中易分离的光信号。如果探测光是压缩态，则可以通过改变光子关联性质来降低量子噪声带来的影响，从而使超过标准量子极限的精密测量成为可能。

参 考 文 献

[1] Lukin M D, Fleischhauer M, Cote R, et al. Dipole Blockade and Quantum Information Processing in Mesoscopic Atomic Ensembles[J]. Physical Review Letters, 2001, 87: 037901-1-4.

[2] Tong D, Farooqi S M, Stanojevic J, et al. Local Blockade of Rydberg Excitation in an Ultracold Gas[J]. Physical Review Letters, 2004, 93:063001-1-4.

[3] Singer K, Reetz-Lamour M, Amthor T, et al. Suppression of Excitation and Spectral Broadening Induced by Interactions in a Cold Gas of Rydberg Atoms[J]. Physical Review Letters, 2004, 93:163001-1-4.

[4] Weatherill K J, Pritchard J D, Abel R P, et al. Electromagnetically Induced Transparency of an Interacting Cold Rydberg Ensemble[J]. Journal of Physics B: Atomic, Molecular and Optical Physics, 2008, 41:201002-1-5.

[5] Ates C, Sevinçli S, Pohl T. Electromagnetically Induced Transparency in Strongly Interacting Rydberg Gases[J]. Physical Review A, 2011, 83:041802(R)-1-4.

[6] Sevinçli S, Henkel N, Ates C, et al. Nonlocal Nonlinear Optics in Cold Rydberg Gases[J]. Physical Review Letters, 2011, 107:153001-1-5.

[7] Pritchard J D, Gauguet A, Weatherill K J, et al. Optical Non-linearity in a Dynamical Rydberg Gas[J]. Journal of Physics B: Atomic, Molecular and Optical Physics, 2011, 44:184019-1-6.

[8] Boyd R W. Nonlinear Optics[M]. New York: Academic Press, 2008.

[9] Petrosyan D, Otterbach J, Fleischhauer M. Electromagnetically Induced Transparency with Rydberg Atoms[J]. Physical Review Letters, 2011, 107:213601-1-5.

[10] Pritchard J D, Maxwell D, Gauguet A, et al. Cooperative Atom-Light Interaction in a Blockaded Rydberg Ensemble[J]. Physical Review Letters, 2010, 105:193603-1-4.

第 5 章　基于偶极阻塞效应的正常和反常合作光学非线性效应

5.1　引言

前面提到偶极作用会导致 EIT 光谱产生合作光学非线性效应[1]，近期的研究表明，利用这种效应能够获得单光子的电磁感应透明特性。具体来讲，非线性的里德堡原子样品会强烈吸收光子对，使单光子能够无损地通过，从而表现出近乎完美的单光子透明特性[2-3]。因此，可以预见，对于有效的单光子量子开关、确定的光量子门及全光量子信息处理来说，合作光学非线性效应有不可低估的作用[4-8]。

合作光学非线性效应分为正常和反常两种情况，虽然这两种非线性效应都对探测场强度敏感，都能改变光子统计特性，但表现形式完全不同。对于前者，我们在第 4 章已经讨论过，也详细研究了正常非线性 EIT 和线性 EIT 的同步及简并透明窗口的 EIT 特性。本章对反常合作光学非线性效应进行研究，同时对它与 EIT 的线性和正常非线性光谱特性进行比较，并进一步考察入射探测光子关联及主量子数等因素对 EIT 的影响。

我们知道，在理论上解析地描述耦合原子系综与光的相互作用是很困难的，往往需要借助一些有效的近似手段。与第 4 章一样，我们仍然采用将平均场近似与双光子关联结合的手段进行研究[9]。在四能级 N 型原子系统中，我们观察到四能级准 Λ 型原子系统和三能级 Λ 型原子系统的混合 EIT 光谱结构。前者表现为正常合作光学非线性效应，后者表现为反常合作光学非线性效应。利用这种混合结构，我们可以通过灵活调制相关参数来得到反聚束光子或聚束光子。

5.2 理论模型和方程

5.2.1 海森堡—郎之万方程和超级原子模型

四能级 N 型原子系统如图 5.1 所示，$|g\rangle$ 为基态，$|m\rangle$ 为亚稳态，$|e\rangle$ 为中间激发态，$|r\rangle$ 为里德堡态。图 5.1（a）表示相互作用的四能级 N 型原子系统结构，两个强耦合场的拉比频率为 Ω_c 和 Ω_r，$\hat{\Omega}_p$ 为量子探测场的拉比频率，

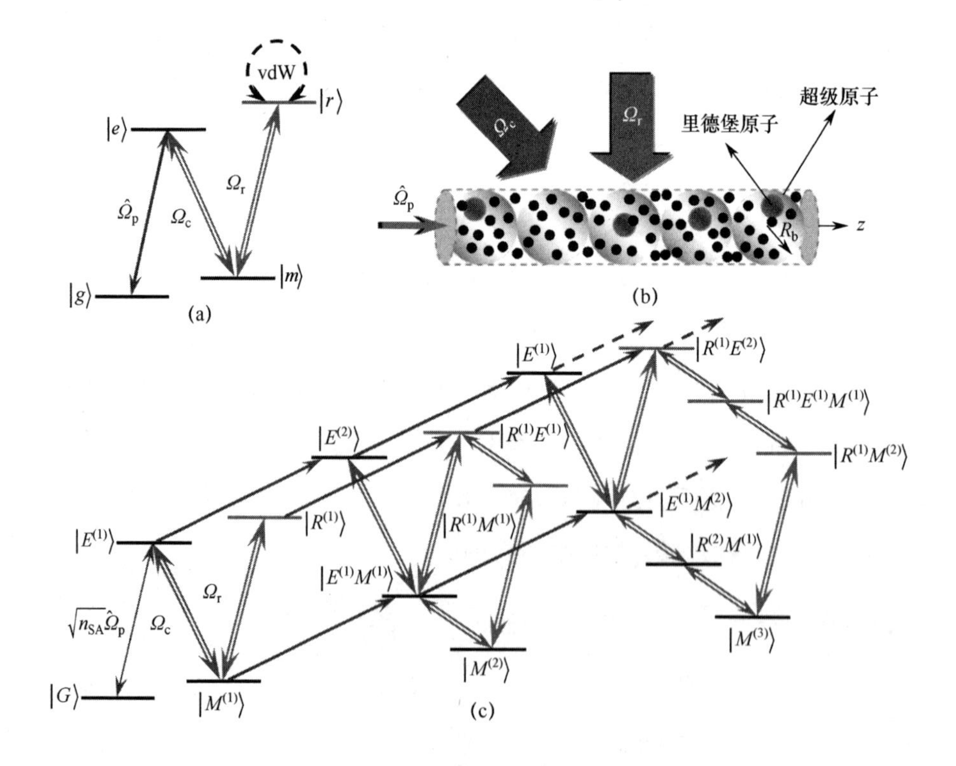

图 5.1 四能级 N 型原子系统

V_{vdW} 为里德堡原子间的 vdW 作用势；图 5.1（b）表示光场照射 N 型一维超冷原子样品。由于存在偶极阻塞效应，原子样品可以看作是由超级原子组成的；图 5.1（c）表示单原子激发情况下超级原子的多能级结构。

两个强耦合场（拉比频率为 Ω_{c} 和 Ω_{r}）分别驱动跃迁 $|m\rangle \leftrightarrow |e\rangle$ 和 $|m\rangle \leftrightarrow |r\rangle$，失谐分别为 $\delta_{\mathrm{c}} = \omega_{\mathrm{c}} - \omega_{\mathrm{em}}$ 和 $\delta_{\mathrm{r}} = \omega_{\mathrm{r}} - \omega_{\mathrm{rm}}$。量子探测场（拉比频率为 $\hat{\Omega}_{\mathrm{p}} = \eta \hat{\varepsilon}_{\mathrm{p}}$）探测跃迁 $|g\rangle \leftrightarrow |e\rangle$，其中 $\eta = \wp_{\mathrm{ge}}\sqrt{\omega_{\mathrm{p}}/(2\hbar\varepsilon_0 V)}$ 为耦合强度，$\delta_{\mathrm{p}} = \omega_{\mathrm{p}} - \omega_{\mathrm{eg}}$ 为单光子探测失谐。考虑量子化的探测场在一维超冷原子样品中传播，海森堡—郎之万方程为

$$\begin{cases}\partial_t \hat{\varepsilon}_{\mathrm{p}}(z) = -c\partial_z \hat{\varepsilon}_{\mathrm{p}}(z) + i\eta N \hat{\sigma}_{\mathrm{ge}}(z) \\ \partial_t \hat{\sigma}_{\mathrm{ge}}(z) = -(i\delta_{\mathrm{p}} + \gamma_{\mathrm{e}})\hat{\sigma}_{\mathrm{ge}}(z) - i\Omega_{\mathrm{c}}^{*}\hat{\sigma}_{\mathrm{gm}}(z) + i\hat{\Omega}_{\mathrm{p}}^{\dagger}[\hat{\sigma}_{\mathrm{ee}}(z) - \hat{\sigma}_{\mathrm{gg}}(z)] \\ \partial_t \hat{\sigma}_{\mathrm{gr}}(z) = -[i(\delta_{\mathrm{p}} - \delta_{\mathrm{c}} + \delta_{\mathrm{r}}) + i\hat{S}(z) + \gamma_{\mathrm{r}}]\hat{\sigma}_{\mathrm{gr}}(z) - i\Omega_{\mathrm{r}}^{*}\hat{\sigma}_{\mathrm{gm}}(z) + i\hat{\Omega}_{\mathrm{p}}^{\dagger}\hat{\sigma}_{\mathrm{er}}(z) \\ \partial_t \hat{\sigma}_{\mathrm{gm}}(z) = -[i(\delta_{\mathrm{p}} - \delta_{\mathrm{c}}) + \gamma_{\mathrm{m}}]\hat{\sigma}_{\mathrm{gm}}(z) - i\Omega_{\mathrm{c}}\hat{\sigma}_{\mathrm{ge}}(z) - i\Omega_{\mathrm{r}}\hat{\sigma}_{\mathrm{gr}}(z) + i\hat{\Omega}_{\mathrm{p}}^{\dagger}\hat{\sigma}_{\mathrm{em}}(z)\end{cases} \tag{5.1}$$

式中，$\hat{\sigma}_{\mu\nu}(z)$ 表示中心位于 z 处的小体积元 ΔV 的平均跃迁算符，如果 $\mu = \nu$，则为投影算符。γ_{e}、γ_{r} 和 γ_{m} 分别为对应跃迁算符的退相位速率。在弱探测场近似下，原子主要布居在基态 $|g\rangle$ 上，因此 $\hat{\sigma}_{\mathrm{em}}(z)$、$\hat{\sigma}_{\mathrm{gr}}(z)$ 和 $\hat{\sigma}_{\mathrm{gm}}(z)$ 可以忽略不计。

前面提到，当原子间存在强烈的相互作用时，利用超级原子模型能够减小求解多体问题的难度。原因在于，这样可以忽略超级原子间的偶极作用，则介质相当于由无耦合的超级原子构成，因此单原子（超级原子）表象下的光学 bloch 方程足以描述光在相互作用介质中的传播行为。对于图 5.1 给出的涉及里德堡态的四能级 N 型原子系统，对应的超级原子半径 $R_{\mathrm{b}} = [C_6\gamma_{\mathrm{e}}/(|\Omega_{\mathrm{c}}|^2 + |\Omega_{\mathrm{r}}|^2)]^{1/6}$，每个超级原子的能级数为 $m_{\mathrm{SA}} = (l+1)^2$，其中 l 为 $|e\rangle$ 上的原子数。根据偶极阻塞效应，超级原子内最多有一个里德堡原子被激发，因

此刻画超级原子能级的集体态为

$$
\begin{cases}
|G\rangle=\left|g_1,\cdots,g_i,\cdots,g_{n_{\mathrm{SA}}}\right\rangle \\
\left|M^{(1)}\right\rangle=\dfrac{\sum_i^{n_{\mathrm{SA}}}\left|g_1,\cdots,m_i,\cdots,g_{n_{\mathrm{SA}}}\right\rangle}{\sqrt{n_{\mathrm{SA}}}} \\
\left|E^{(1)}\right\rangle=\dfrac{\sum_i^{n_{\mathrm{SA}}}\left|g_1,\cdots,e_i,\cdots,g_{n_{\mathrm{SA}}}\right\rangle}{\sqrt{n_{\mathrm{SA}}}} \\
\left|R^{(1)}\right\rangle=\dfrac{\sum_i^{n_{\mathrm{SA}}}\left|g_1,\cdots,r_i,\cdots,g_{n_{\mathrm{SA}}}\right\rangle}{\sqrt{n_{\mathrm{SA}}}} \\
\left|M^{(2)}\right\rangle=\dfrac{\sum_{i\neq j}^{n_{\mathrm{SA}}}\left|g_1,\cdots,m_i,\cdots,m_j,\cdots,g_{n_{\mathrm{SA}}}\right\rangle}{\sqrt{n_{\mathrm{SA}}(n_{\mathrm{SA}}-1)}} \\
\left|E^{(2)}\right\rangle=\dfrac{\sum_{i\neq j}^{n_{\mathrm{SA}}}\left|g_1,\cdots,e_i,\cdots,e_j,\cdots,g_{n_{\mathrm{SA}}}\right\rangle}{\sqrt{n_{\mathrm{SA}}(n_{\mathrm{SA}}-1)}} \\
\left|E^{(1)}M^{(1)}\right\rangle=\dfrac{\sum_{i\neq j}^{n_{\mathrm{SA}}}\left|g_1,\cdots,e_i,\cdots,m_j,\cdots,g_{n_{\mathrm{SA}}}\right\rangle}{\sqrt{n_{\mathrm{SA}}(n_{\mathrm{SA}}-1)}} \\
\left|R^{(1)}M^{(1)}\right\rangle=\dfrac{\sum_{i\neq j}^{n_{\mathrm{SA}}}\left|g_1,\cdots,r_i,\cdots,m_j,\cdots,g_{n_{\mathrm{SA}}}\right\rangle}{\sqrt{n_{\mathrm{SA}}(n_{\mathrm{SA}}-1)}} \\
\left|R^{(1)}E^{(1)}\right\rangle=\dfrac{\sum_{i\neq j}^{n_{\mathrm{SA}}}\left|g_1,\cdots,r_i,\cdots,e_j,\cdots,g_{n_{\mathrm{SA}}}\right\rangle}{\sqrt{n_{\mathrm{SA}}(n_{\mathrm{SA}}-1)}}a
\end{cases}
\tag{5.2}
$$

式中，第 1 个方程为零阶基态方程，第 2 个方程到第 4 个方程为一阶激发态方程，后 5 个方程为二阶激发态方程，具体来讲，后 3 个方程为杂合的二阶激发态方程。

5.2.2　条件极化率和传播方程

当探测场很弱时，可以认为在每个偶极阻塞球内都不存在二阶及以上的集体激发态，因此$|G\rangle$、$|M^{(1)}\rangle$、$|E^{(1)}\rangle$和$|R^{(1)}\rangle$这 4 个集体态完全可以表征超级原子。进一步，用$\sqrt{n_{\mathrm{SA}}}\hat{\Omega}_{\mathrm{p}}^{\dagger}$替代式（5.1）中的$\hat{\Omega}_{\mathrm{p}}^{\dagger}$，从而得到独立的超级原子满足的海森堡—郎之万方程，并求出稳态的投影算符，即

$$\hat{\Sigma}_{\mathrm{RR}}(z)=\frac{|\Omega_{\mathrm{r}}|^2|\Omega_{\mathrm{c}}|^2 n_{\mathrm{SA}}\hat{\Omega}_{\mathrm{p}}^{\dagger}\hat{\Omega}_{\mathrm{p}}}{|\Omega_{\mathrm{r}}|^2|\Omega_{\mathrm{c}}|^2 n_{\mathrm{SA}}\hat{\Omega}_{\mathrm{p}}^{\dagger}\hat{\Omega}_{\mathrm{p}}+E_1+E_2+E_3+E_4} \tag{5.3}$$

式中，$E_1=|\Omega_{\mathrm{c}}|^4[(\delta_{\mathrm{p}}+\delta_{\mathrm{r}}-\delta_{\mathrm{c}})^2+\gamma_{\mathrm{r}}^2]$；$E_2=2|\Omega_{\mathrm{c}}|^2[(\delta_{\mathrm{p}}+\delta_{\mathrm{r}}-\delta_{\mathrm{c}})^2+\gamma_{\mathrm{r}}^2]\,[\gamma_{\mathrm{m}}\gamma_{\mathrm{e}}-\delta_{\mathrm{p}}(\delta_{\mathrm{p}}-\delta_{\mathrm{c}})]$；$E_3=2|\Omega_{\mathrm{c}}|^2|\Omega_{\mathrm{r}}|^2[\gamma_{\mathrm{e}}\gamma_{\mathrm{r}}+\delta_{\mathrm{p}}(\delta_{\mathrm{p}}+\delta_{\mathrm{r}}-\delta_{\mathrm{c}})]$；$E_4=(\delta_{\mathrm{p}}^2+\gamma_{\mathrm{e}}^2)\,\{[(\delta_{\mathrm{p}}+\delta_{\mathrm{r}}-\delta_{\mathrm{c}})^2+\gamma_{\mathrm{r}}^2][(\delta_{\mathrm{p}}-\delta_{\mathrm{c}})^2+\gamma_{\mathrm{m}}^2]+|\Omega_{\mathrm{r}}|^4\}$。另外，从超级原子的海森堡—郎之万方程出发，可以得到稳态的条件极化率，即

$$\hat{\alpha}(z)=\alpha_{\Lambda}\hat{\Sigma}_{\mathrm{RR}}(z)+\alpha_{\mathrm{N}}[1-\hat{\Sigma}_{\mathrm{RR}}(z)] \tag{5.4}$$

三能级 Λ 型原子系统的分支极化率为

$$\alpha_{\Lambda}=\frac{-i\gamma_{\mathrm{e}}}{i\delta_{\mathrm{p}}+\gamma_{\mathrm{e}}+\dfrac{|\Omega_{\mathrm{c}}|^2}{i(\delta_{\mathrm{p}}-\delta_{\mathrm{c}})+\gamma_{\mathrm{m}}}} \tag{5.5}$$

四能级 N 型原子系统的分支极化率为

$$\alpha_{\mathrm{N}}=\frac{-i\gamma_{\mathrm{e}}}{i\delta_{\mathrm{p}}+\gamma_{\mathrm{e}}+\dfrac{|\Omega_{\mathrm{c}}|^2}{i(\delta_{\mathrm{p}}-\delta_{\mathrm{c}})+\gamma_{\mathrm{m}}+\dfrac{|\Omega_{\mathrm{r}}|^2}{i\left(\delta_{\mathrm{p}}+\delta_{\mathrm{r}}-\delta_{\mathrm{c}}+\langle\hat{S}_2(z)\rangle\right)+\gamma_{\mathrm{r}}}}} \tag{5.6}$$

当 z 处的超级原子的集体态为$|R^{(1)}\rangle$时，$\langle\hat{\Sigma}_{\mathrm{RR}}(z)\rangle=1$，因此$\hat{\alpha}(z)$会约化为$\hat{\alpha}_{\Lambda}$，超级原子的行为与三能级 Λ 型原子系统的行为类似。可以解释为：严格偶极阻塞效应产生极大的频率移动$\langle\hat{S}_1(z)\rangle\to\infty$，因此$|R^{(1)}\rangle$与$|G\rangle$、$|E^{(1)}\rangle$、

$\left|M^{(1)}\right\rangle$ 是相干解耦的。否则，当 $\left\langle\hat{\Sigma}_{\mathrm{RR}}(z)\right\rangle=0$ 时，$\hat{\alpha}(z)$ 会变为四能级 N 型原子系统的分支极化率 α_{N}，原因在于这时 $\left|R^{(1)}\right\rangle$ 通过 Ω_{r} 与 $\left|M^{(1)}\right\rangle$ 强烈地相干耦合在一起。注意，在平均场近似下，其他超级原子的里德堡激发引起的频率移动 $\left\langle\hat{S}_2(z)\right\rangle\simeq C_6/(8R_{\mathrm{b}}^6)=\left|\Omega_{\mathrm{c}}\right|^2/(8\gamma_{\mathrm{e}})$ 是很小的，带来的影响可以忽略不计。

由前面的讨论可知，条件极化率具有二值性，因此不同位置处的 N 型超冷原子样品必然会表现出独特的光学特性。考虑到介质是各向异性的，我们需要通过检测超级原子的自由里德堡激发，探测场强度 $I_{\mathrm{p}}(z)=\left\langle\hat{\varepsilon}_{\mathrm{p}}^{\dagger}(z)\hat{\varepsilon}_{\mathrm{p}}(z)\right\rangle$ 满足传播方程

$$\partial_z\left\langle\hat{\varepsilon}_{\mathrm{p}}^{\dagger}(z)\hat{\varepsilon}_{\mathrm{p}}(z)\right\rangle=-\kappa_{\mathrm{a}}\left\langle\hat{\varepsilon}_{\mathrm{p}}^{\dagger}(z)\operatorname{Im}[\hat{\alpha}(z)]\hat{\varepsilon}_{\mathrm{p}}(z)\right\rangle \tag{5.7}$$

式中，$\kappa_{\mathrm{a}}=\rho\left|\wp_{\mathrm{ge}}\right|^2/(\hbar\varepsilon_0\lambda_{\mathrm{p}}\gamma_{\mathrm{e}})$ 表示共振吸收系数。为了将 $\operatorname{Im}[\hat{\alpha}(z)]$ 移出来且不失去重要的量子关联信息，应该用 $\left\langle\hat{\Omega}_{\mathrm{p}}^{\dagger}\hat{\Omega}_{\mathrm{p}}\right\rangle g_{\mathrm{p}}^{(2)}(z)$ 替换式（5.3）中的 $\hat{\Omega}_{\mathrm{p}}^{\dagger}\hat{\Omega}_{\mathrm{p}}$。其中 $g_{\mathrm{p}}^{(2)}(z)=\left\langle\hat{\varepsilon}_{\mathrm{p}}^{\dagger 2}(z)\hat{\varepsilon}_{\mathrm{p}}^{2}(z)\right\rangle\Big/\left\langle\hat{\varepsilon}_{\mathrm{p}}^{\dagger}(z)\hat{\varepsilon}_{\mathrm{p}}(z)\right\rangle^2$ 为在平均场近似的基础上添加的刻画双光子关联性质的二阶关联函数。在传播过程中，只有与里德堡激发相关的非线性光学过程才能改变光子统计特性，因此要在条件极化率 $\hat{\alpha}(z)$ 中减去 α_{N}，二阶关联函数满足的微分方程为

$$\partial_z g_{\mathrm{p}}^{(2)}(z)=-\kappa_{\mathrm{a}}(z)\operatorname{Im}[\hat{\alpha}(z)-\alpha_{\mathrm{N}}]g_{\mathrm{p}}^{(2)}(z) \tag{5.8}$$

先给出样品入口处的探测场强度和二阶关联函数的初值 $I_{\mathrm{p}}(0)$ 与 $g_{\mathrm{p}}^{(2)}(0)$，然后求解式（5.3）至式（5.8），进而得到样品出口处的出射光强度和二阶关联函数。多次重复独立的求解过程，最后通过统计平均获得所求量的值。在每次独立的实现过程中，先根据超级原子的大小（直径为 $2R_{\mathrm{b}}$）将样品（长度 L）平均分成 $L/2R_{\mathrm{b}}$ 份，再判断每份 Monte-Carlo 样品的 $\left\langle\hat{\Sigma}_{\mathrm{RR}}(z)\right\rangle$ 与随机生成概率 p（$0<p<1$）的关系。如果 $\left\langle\hat{\Sigma}_{\mathrm{RR}}(z)\right\rangle>p$，则 $\left\langle\hat{\Sigma}_{\mathrm{RR}}(z)\right\rangle\to 1$；反之，有 $\left\langle\hat{\Sigma}_{\mathrm{RR}}(z)\right\rangle\to 0$，进而通过式（5.4）确定超级原子的结构为三能级 Λ 型还是四能级 N 型。

5.3　数值模拟结果及理论分析

4 种拉比频率下的探测场透射光谱如图 5.2 所示。相关参数为 $g_{\mathrm{p}}^{(2)}(0)=1$、$\Omega_{\mathrm{c}}=\Omega_{\mathrm{r}}=2.5\mathrm{MHz}$、$\delta_{\mathrm{c}}=\delta_{\mathrm{r}}=0\mathrm{MHz}$、$\gamma_{\mathrm{e}}=3\mathrm{MHz}$、$\gamma_{\mathrm{r}}=10\mathrm{kHz}$、$\gamma_{\mathrm{m}}=1\mathrm{kHz}$、$\rho(z)=1.0\times10^{11}\mathrm{cm}^{-3}$、$\wp_{\mathrm{ge}}=1.5\times10^{-29}$ C·m、$\lambda_{\mathrm{p}}=794.98\mathrm{nm}$、$C_6=-1.4\times10^{11}\mathrm{s}^{-1}\mu\mathrm{m}^6$、$L=300\mu\mathrm{m}$。从图 5.2（a）中可以看出，当 $\Omega_{\mathrm{p}}(0)$ 非常低时，在 $\delta_{\mathrm{p}}=\pm\Omega_{\mathrm{r}}$ 处存在两个 EIT 窗口，其频率分别对应控制场的缀饰态（集体态）$|\pm M^{(1)}\rangle=(|M^{(1)}\rangle\pm|R^{(1)}\rangle)/\sqrt{2}$。这意味着，在没有里德堡激发的情况下，可以将每个超级原子看作四能级准 Λ 型结构，这 4 个能级为裸态 $|G\rangle$、激发态 $|E^{(1)}\rangle$、缀饰态 $|+M^{(1)}\rangle$ 和 $|-M^{(1)}\rangle$。如果不改变其他外场，只提高入射探测场强度，在 $\delta_{\mathrm{p}}=0\,\mathrm{MHz}$ 处会出现第 3 个 EIT 窗口，这个共振频率对应裸态表示的能级 $|M^{(1)}\rangle$。因为在一些超级原子中，在存在里德堡激发的情况下，$|R^{(1)}\rangle$ 与 $|G\rangle$、$|E^{(1)}\rangle$、$|M^{(1)}\rangle$ 解耦，所以超级原子的行为与三能级 Λ 型原子系统类似。在这种情况下，总的探测场透射光谱应具有四能级准 Λ 型与三能级 Λ 型混合的结构特征。可以进一步推断，当 $\Omega_{\mathrm{p}}(0)$ 足够高的时候，$\delta_{\mathrm{p}}=\pm\Omega_{\mathrm{r}}$ 处的 EIT 窗口会完全消失，而中间的 EIT 窗口会变得清晰，最后形成完美的透射光谱。这是因为在大多数超级原子中存在里德堡激发，所以整个原子样品能够由三能级 Λ 型原子系统（组成能级为集体态）描述。

由图 5.2（b）可知，当 $\Omega_{\mathrm{p}}(0)$ 非常低的时候，$g_{\mathrm{p}}^{(2)}(L)$ 不依赖 δ_{p}，而是保持初值，$g_{\mathrm{p}}^{(2)}(0)\approx1$，这正是标准线性 EIT 的典型特征。但是随着 $\Omega_{\mathrm{p}}(0)$ 的提高，在 $\delta_{\mathrm{p}}=\pm\Omega_{\mathrm{r}}$ 附近，探测关联函数由经典场（$g_{\mathrm{p}}^{(2)}(0)=1$）演化进入反聚束机制，出射光子的二阶关联函数为 $g_{\mathrm{p}}^{(2)}(L)\approx0.4$，而在 $\delta_{\mathrm{p}}=0\mathrm{MHz}$ 附近则表现为聚束机制，$g_{\mathrm{p}}^{(2)}(L)\approx120$。

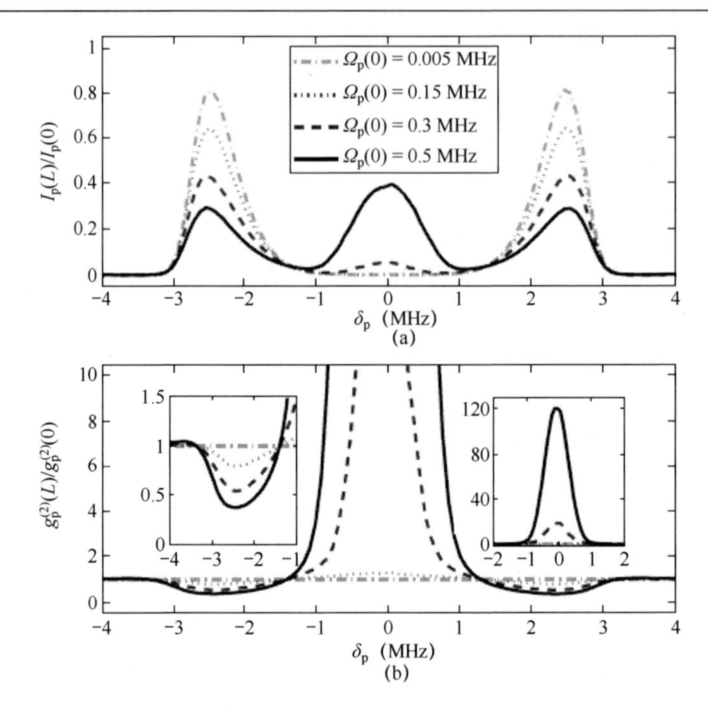

图 5.2　4 种拉比频率下的探测场透射光谱

我们看到，在 $\delta_p = \pm\Omega_r$ 和 $\delta_p = 0$ MHz 附近，$g_p^{(2)}(L)$ 表现出完全不同的合作光学非线性特征，前者是正常的，后者是反常的。被称为非线性的原因是它们都源于偶极阻塞效应，对探测场强度较为敏感。需要指出的是，反常非线性 EIT 是我们首次发现的。这样在耦合的 N 型原子介质中，能够观察到 3 种 EIT 光学响应。在典型的线性 EIT 响应中，探测场的拉比频率很低，以至于在大多数超级原子中都不含有里德堡原子，因此提高 $\Omega_p(0)$ 不会改变透射率和双光子关联性质。

在以往关于合作光学非线性问题的研究中，只考虑初始的探测光为经典光，即二阶关联函数满足 $g_p^{(2)}(0) = 1$，从来没有考虑入射光本身的关联性质会对结果带来哪些影响。这里研究入射光的光子统计特性对原子介质光学响应的影响，不同二阶关联函数初值下的探测场透射光谱如图 5.3 所示，$\Omega_p(0)$ =0.5MHz，可知除了 $\Omega_p(0)$，$g_p^{(2)}(0)$ 也是决定原子介质光学响应的关键因素。在其他条件不变的情况下，如果 $g_{\mathrm{p}}^{(2)}(0)$ 足够小，即使 $\Omega_{\mathrm{p}}(0)$ 很高（如 0.5MHz），也可以得到典型的线性 EIT 光谱；如果 $g_{\mathrm{p}}^{(2)}(0)$ 足够大，即使 $\Omega_{\mathrm{p}}(0)$ 很低，原子介质也表现出正常或反常合作光学非线性效应。因此，可以认为，具有相同强度和频率的两束探测光在一种原子介质中经历哪种类型的光学响应依赖初始的量子关联性质。这间接证明了 Petrosyan 等提出的方法[9]的有效性，虽然一些方程是在弱探测场近似下得到的，但是在很大的探测场强度范围内都是有效的，原因在于介质光学响应也依赖 $g_{\mathrm{p}}^{(2)}(0)$ 。需要强调的是，最优非线性 EIT 效应往往指具有明显的反聚束（ $g_{\mathrm{p}}^{(2)}(L)\ll 1$ ）或聚束（ $g_{\mathrm{p}}^{(2)}(L)\gg 1$ ）特性。

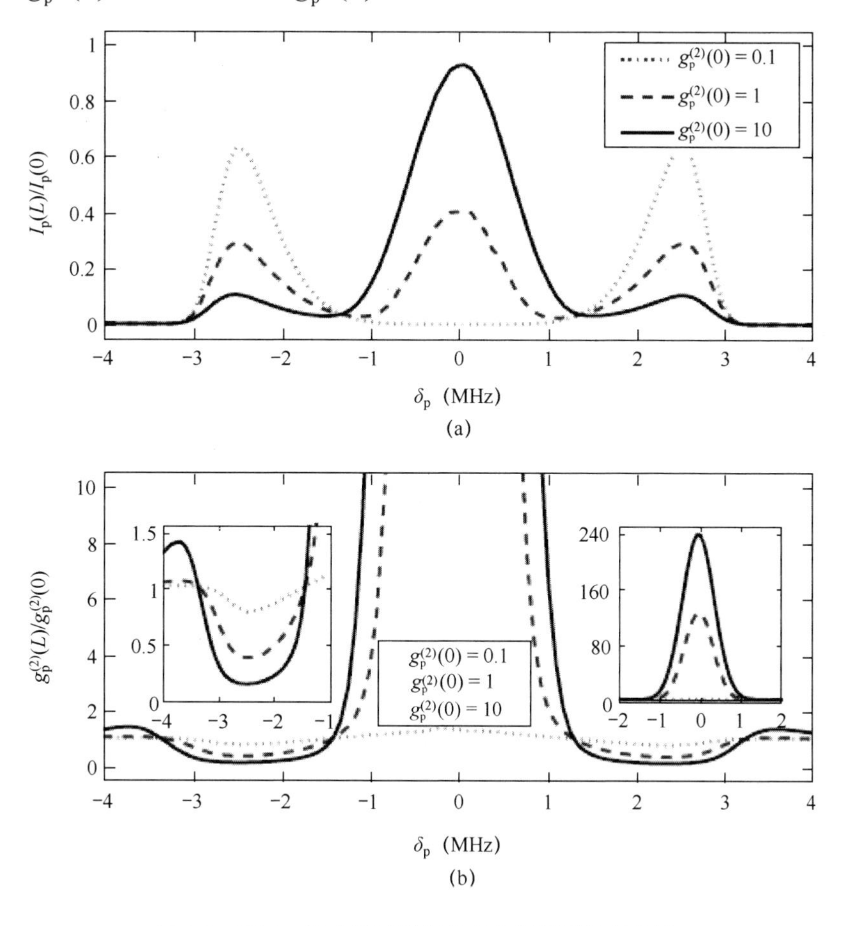

图 5.3　不同二阶关联函数初值下的探测场透射光谱

给定 $g_{\mathrm{p}}^{(2)}(0)$，通过改变 $\Omega_{\mathrm{p}}(0)$ 来详细比较研究 3 种 EIT 的透射率及关联性质。探测场透射光谱与拉比频率的关系曲线如图 5.4 所示。从图 5.4（a）中可以看出，透射率和二阶关联函数基本不变，而它们在图 5.4（b）中明显变小，在图 5.4（c）中明显变大。探测场透射光谱与二阶关联函数初值的关系曲线如图 5.5 所示，其中 $\Omega_{\mathrm{p}}(0)=0.5\mathrm{MHz}$，可知对于线性和两种非线性光学响应，初始量子关联和入射探测场强度所起的作用基本相同。因此，可以得出结论，入射探测场强度和初始量子关联共同决定耦合里德堡原子的稳态光学响应类型。

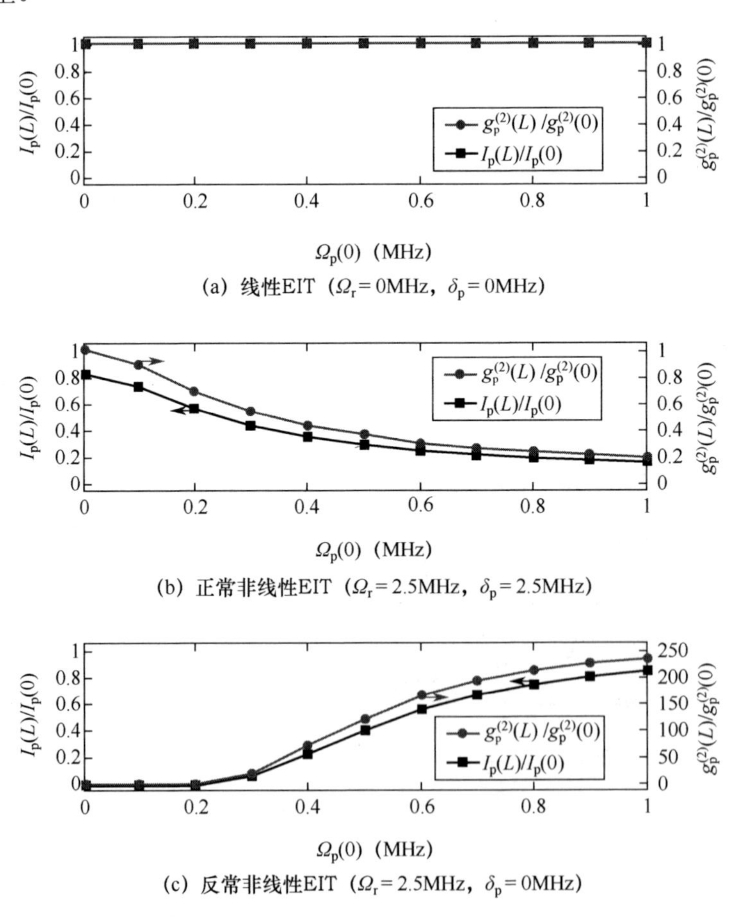

(a) 线性EIT（$\Omega_{\mathrm{r}}=0\mathrm{MHz}$，$\delta_{\mathrm{p}}=0\mathrm{MHz}$）

(b) 正常非线性EIT（$\Omega_{\mathrm{r}}=2.5\mathrm{MHz}$，$\delta_{\mathrm{p}}=2.5\mathrm{MHz}$）

(c) 反常非线性EIT（$\Omega_{\mathrm{r}}=2.5\mathrm{MHz}$，$\delta_{\mathrm{p}}=0\mathrm{MHz}$）

图 5.4　探测场透射光谱与拉比频率的关系曲线

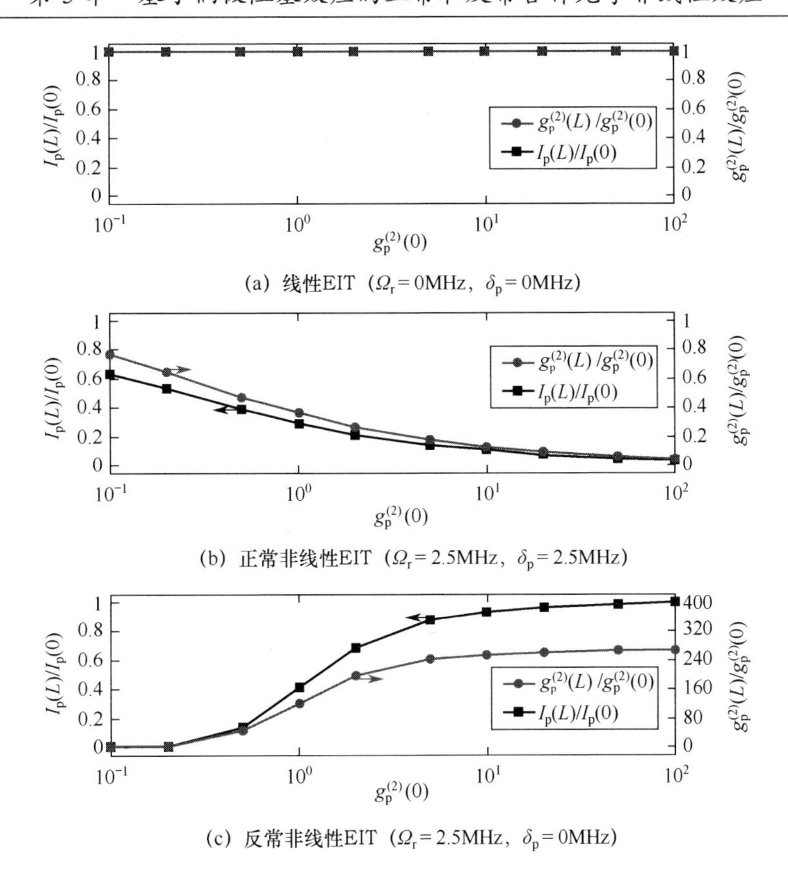

(a) 线性EIT（$\Omega_r = 0\text{MHz}$，$\delta_p = 0\text{MHz}$）

(b) 正常非线性EIT（$\Omega_r = 2.5\text{MHz}$，$\delta_p = 2.5\text{MHz}$）

(c) 反常非线性EIT（$\Omega_r = 2.5\text{MHz}$，$\delta_p = 0\text{MHz}$）

图 5.5　探测场透射光谱与二阶关联函数初值的关系曲线

探测场透射光谱与主量子数的关系曲线如图 5.6 所示。在里德堡原子中，主量子数 n 会影响 vdW 系数 C_6，从而间接影响原子间的偶极—偶极相互作用[10]。对于超冷 ^{87}Rb 原子，$C_6 \approx n^{11}(c_0 + c_1 n + c_2 n^2)$，其中 $c_0 = 11.97$、$c_1 = -0.8486$、$c_2 = 0.003385$ 分别为零阶、一阶、二阶拟合系数。在此基础上通过主量子数 n 可以计算 vdW 系数，例如，对于超冷 ^{87}Rb 原子，当 $n = 30$、45、60 时，vdW 系数分别为 $-2.67 \times 10^7 \text{s}^{-1}\mu\text{m}^6$、$-4.28 \times 10^9 \text{s}^{-1}\mu\text{m}^6$、$-1.40 \times 10^{11} \text{s}^{-1}\mu\text{m}^6$，对应的偶极阻塞半径分别为 $1.36\mu\text{m}$、$3.17\mu\text{m}$、$5.68\mu\text{m}$，这表明每个超级原子中的原子数为1个、13个、76个。由图 5.6（a）可知，随着主量子数的增大，透射率和二阶关联函数都会逐渐变小，甚至在 $n < 30$ 的情况下也遵循这样的规

律。在图 5.6（b）中，仅当 $n>45$ 时，增大主量子数，透射率和二阶关联函数才会明显增大。因此，可以得出结论：只有在主量子数很大的情况下，才有可能观察到反常合作光学非线性效应，即反常合作光学非线性效应需要具有比正常合作光学非线性效应更高的偶极作用条件。

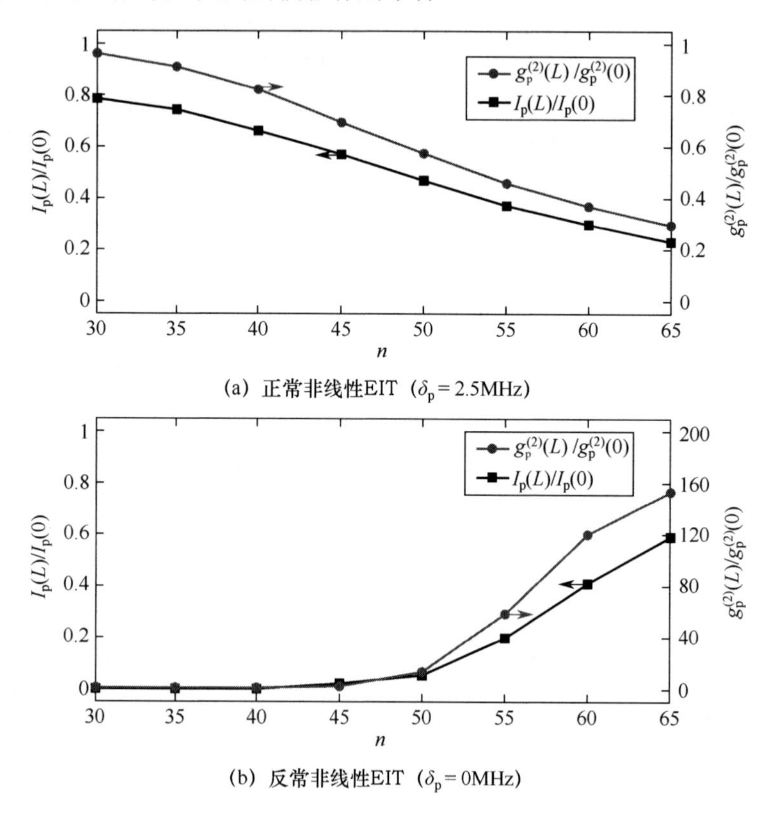

（a）正常非线性EIT（$\delta_p = 2.5$MHz）

（b）反常非线性EIT（$\delta_p = 0$MHz）

图 5.6　探测场透射光谱与主量子数的关系曲线

5.4　本章小结

本章主要研究 N 型结构原子介质的稳态光学响应，耦合原子间强烈的 vdW 相互作用导致出现合作光学非线性效应。随着入射探测场强度或二阶关联函数的增大，由原子介质的透射光谱和关联行为可知，系统会由线性 EIT 机制转化为非线性 EIT 机制。有趣的是，在非线性光学响应机制下，当入射探测场强度或二阶关联函数达到某个值时，在某个确定的失谐附近，透射率和二阶关联函数值会变得越来越小，而在另一个失谐附近，它们会变得越来越大。这种存在两种非线性效应的 EIT 光谱是四能级 N 型原子系统特有的，在其他原子系统（如三能级Λ型和四能级倒 Y 型）中不存在这种现象。此外，与正常非线性 EIT 相比，反常非线性 EIT 的最大优点是它在保证几乎无吸收的情况下能明显改变双光子关联性质，它们之间的关系类似 EIT（正常色散）和吸收峰（反常色散）的关系。

需要注意的是，产生这两种非线性效应的基本条件是有较强的探测光，而这对于很多量子应用来说是不存在的，如基于 EIT 的光速减慢或存储过程中对不同光信号的光子统计控制。实际上，这个问题能够得到解决，可以对原子介质同时施以弱量子探测光和强经典探测光，保证它们之间的夹角非常小，这样既容易在介质外面区分这两束光，又可以让强光提供一个较强的探测背景。特别要注意的是，为了避免改变目前的光与四能级 N 型原子系统的相互作用，可以用一个相干激光源产生这两束探测光，这样可以使其具有完全相同的频率和偏振，从而确保探测的是相同的原子跃迁。

参考文献

[1] Yan D, Liu Y M, Bao Q Q, et al. Electromagnetically Induced Transparency in an Inverted-Y System of Interacting Cold Atoms[J]. Physics Review A, 2012, 86:023828-1-5.

[2] Peyronel T, Firstenberg O, Liang Q Y, et al. Quantum Nonlinear Optics[J]. Nature, 2012, 488:57-60.

[3] Walker T G. Quantum Optics: Strongly Interacting Photons[J]. Nature, 2012, 488:39-40.

[4] Saffman M, Walker T, Mølmer K. Quantum Information with Rydberg Atoms[J]. Reviews of Modern Physics, 2010, 82(3):2313-2363.

[5] Saffman M, Walker T G. Analysis of a Quantum Logic Device Based on Dipole-Dipole Interactions of Optically Trapped Rydberg Atoms[J]. Physical Review A, 2005, 72:022347-1-21.

[6] Lukin M D, Fleischhauer M, Cote R, et al. Dipole Blockade and Quantum Information Processing in Mesoscopic Atomic Ensembles[J]. Physical Review Letters, 2001, 87:037901-1-4.

[7] Tong D, Farooqi S M, Stanojevic J, et al. Local Blockade of Rydberg Excitation in an Ultracold Gas[J]. Physical Review Letters, 2004, 93:063001-1-4.

[8] Singer K, Reetz-Lamour M, Amthor T, et al. Suppression of Excitation and Spectral Broadening Induced by Interactions in a Cold Gas of Rydberg Atoms[J]. Physical Review Letters, 2004, 93:163001-1-4.

[9] Petrosyan D, Otterbach J, Fleischhauer M. Electromagnetically Induced Transparency with Rydberg Atoms[J]. Physical Review Letters, 2011, 107:213601-1-5.

[10] Singer K, Stanojevic J, Weidemüller M, et al. Long Range Interactions Between Alkali Rydberg Atom Pairs Correlated to the ns-ns, np-np and nd-nd Asymptotes[J]. Journal of Physics B: Atomic Molecular Physics, 2005, 38:S295-S307.

第 6 章　偶极阻塞主导的单光子水平电磁感应透明

6.1　引言

近二十年，电磁感应透明研究在量子光学领域扮演着非常重要的角色。其典型特点为：在共振跃迁处原本对光吸收的介质变得透明，同时伴有极为陡峭的色散[1-3]。利用这个特点能够实现光群速度减慢[4-7]、光信息存储[8-9]、光子晶体[10-11]，以及光开关和光路由[12-13]等，这些技术与应用在量子光学和量子信息领域有非常重要的作用和价值。

关于电磁感应透明的研究，已经从独立原子拓展到超冷里德堡原子领域。里德堡原子的一些特性会充分映射到电磁感应透明的光学响应上，产生一些新的现象和应用。值得一提的是，利用电磁感应透明技术能够在里德堡原子中实现单光子水平的光学操控，如实现可靠的单光子源[14-15]、单光子混合器[16-17]、单光子晶体管[18-19]、单光子开关[20]及单光子逻辑门[21]等，这使得里德堡原子成为研究基础物理和前沿量子信息处理的最佳平台之一。

里德堡原子指主量子数很大的高激发态原子。这样的中性原子具有半径大、电偶极矩大、寿命长等特点。里德堡原子间的长程偶极—偶极相互作用能够在相干激发中引起偶极阻塞效应，而偶极阻塞效应在量子信息处理中有极其重要的作用[22-23]。当原子处于里德堡态时，其会引起合作光学非线性效应，即 EIT 光谱和光子统计特性依赖探测场强度[24-27]，这使得无损、慢光、单光子水平的操控成为可能。

本章在四能级超冷原子系统模型中，考虑在两个经典场的相干作用下，一个弱探测场穿过一维超冷里德堡原子介质的情况，研究其透射性和光子关联的非线性行为。在研究中，利用平均场理论和超级原子模型，很好地解决了求解多体问题的难度大的问题，同时引入二阶关联函数，以解决在平均场理论中排除量子关联的本质缺陷问题。研究表明，调整失谐和拉比频率可以实现线性EIT和非线性EIT的灵活转化，进而能够有目的地操控光子关联。

本章构建系统模型，同时给出描述系统演化的海森堡—郎之万方程；推导超级原子满足的条件极化率，进而给出探测场强度和光子关联满足的传播方程；对数值模拟结果进行讨论和分析；最后给出结论。

6.2 系统模型与海森堡—郎之万方程

研究对象为四能级超冷原子系统，如图 6.1 所示，$|g\rangle$ 为基态，$|e\rangle$ 和 $|d\rangle$ 为中间激发态，$|r\rangle$ 为里德堡态。图 6.1（a）表示存在相互作用的四能级原子系统结构；图 6.1（b）表示超级原子的四能级结构；图 6.1（c）表示根据超级原子模型，一维超冷原子系综可以看作是由独立的超级原子构成的。

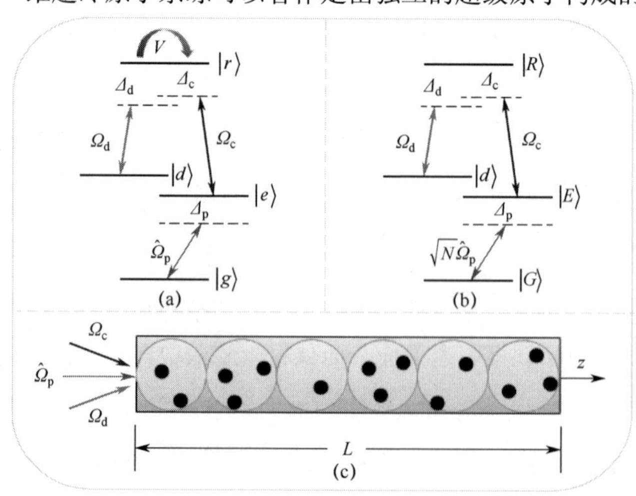

图 6.1　四能级超冷原子系统

拉比频率为 $\Omega_{\rm c}$ 和 $\Omega_{\rm d}$ 的相干电磁场分别驱动跃迁 $|e\rangle \to |r\rangle$ 和 $|d\rangle \to |r\rangle$，$\Delta_{\rm c} = \omega_{\rm c} - \omega_{\rm re}$ 和 $\Delta_{\rm d} = \omega_{\rm d} - \omega_{\rm rd}$ 为对应的单光子失谐。$\hat{\Omega}_{\rm p} = \eta\hat{\varepsilon}_{\rm p}$ 为量子探测场的拉比频率，探测跃迁 $|g\rangle \to |e\rangle$，其中 $\eta = \wp_{\rm ge}\sqrt{\omega_{\rm p}/(2\hbar\varepsilon_0 V)}$ 为耦合强度，$\Delta_{\rm p} = \omega_{\rm p} - \omega_{\rm eg}$ 为单光子探测失谐。如果距离为 R 的两个原子被同时激发到里德堡态 $|r\rangle$，那么它们之间的 vdW 作用势为 $V_{\rm v} = \hbar C_6 / R^6$，其中 C_6 为 vdW 系数。包含 $N = \int \rho(r){\rm d}^3 r$ 个原子的系统的哈密顿量为

$$H = H_0 + H_{\rm v} \tag{6.1}$$

描述光与原子的相互作用的哈密顿量为

$$H_0 = -\hbar\sum_i^N \{[\Delta_{\rm p}\hat{\sigma}_{\rm e\varepsilon}^i + \Delta_2\hat{\sigma}_{\rm rr}^i + \Delta_3\hat{\sigma}_{\rm dd}^i] + [\hat{\Omega}_{\rm p}\hat{\sigma}_{\rm eg}^i + \Omega_{\rm c}\hat{\sigma}_{\rm re}^i + \Omega_{\rm d}\hat{\sigma}_{\rm rd}^i + {\rm h.c.}]\} \tag{6.2}$$

描述原子间两体 vdW 相互作用的哈密顿量为

$$H_{\rm v} = \hbar\sum_{i<j}^N \frac{C_6}{R_{ij}^6}\hat{\sigma}_{\rm rr}^i\hat{\sigma}_{\rm rr}^j \tag{6.3}$$

在式（6.2）和式（6.3）中，当 $\mu = \nu$ 时，$\hat{\sigma}_{\mu\nu}^i = |\mu\rangle\langle\nu|$ 表示第 i 个原子的投影算符；当 $\mu \neq \nu$ 时，它表示跃迁算符；$\Delta_2 = \omega_{\rm p} + \omega_{\rm c}$ 和 $\Delta_3 = \Delta_{\rm p} + \Delta_{\rm c} - \Delta_{\rm d}$ 分别为跃迁 $|g\rangle \to |r\rangle$ 和 $|g\rangle \to |d\rangle$ 的双光子失谐和三光子失谐。

考虑到弱探测场在介质中沿 z 轴传播，系统满足的海森堡—郎之万方程

$$\begin{cases} \partial_t\hat{\varepsilon}_{\rm p}(z) = -c\partial_z\hat{\varepsilon}_{\rm p}(z) + i\eta N\hat{\sigma}_{\rm ge}(z) \\ \partial_t\hat{\sigma}_{\rm ge}(z) = -(i\Delta_{\rm p} + \gamma_{\rm e})\hat{\sigma}_{\rm ge}(z) - i\Omega_{\rm c}\hat{\sigma}_{\rm gr}(z) - i\hat{\Omega}_{\rm p}^\dagger \\ \partial_t\hat{\sigma}_{\rm gg'}(z) = -[i\Delta_2 + i\hat{S}(z) + \gamma_{\rm r}]\hat{\sigma}_{\rm gr}(z) - i\Omega_{\rm c}^*\hat{\sigma}_{\rm ge}(z) - i\Omega_{\rm d}^*\hat{\sigma}_{\rm gd}(z) \\ \partial_t\hat{\sigma}_{\rm gd}(z) = -[i\Delta_3 + i\hat{S}(z) + \gamma_{\rm d}]\hat{\sigma}_{\rm gd}(z) - i\Omega_{\rm d}\hat{\sigma}_{\rm gg'}(z) \end{cases} \tag{6.4}$$

式中，$\gamma_{\rm e}$、$\gamma_{\rm r}$ 和 $\gamma_{\rm d}$ 分别为 $|e\rangle$、$|r\rangle$、$|d\rangle$ 的退相位速率。根据平均场理论，vdW 相互作用对 z 处原子里德堡激发引起的总的能级移动 $\hat{S}(z)$ 可以转化为双光子失谐。需要指出的是，这里的 $\hat{\sigma}_{\mu\nu}^i(z)$ 为平均跃迁算符，表示 z 处小体积元 ΔV 内所有 $\hat{\sigma}_{\mu\nu}^i$ 的平均值。考虑弱探测场为量子光场并假设大多数原子布居在

基态$|g\rangle$上，即$\hat{\sigma}_{gg}(z)\approx 1$，$\hat{\sigma}_{ee}(z)\approx\hat{\sigma}_{rr}(z)\approx\hat{\sigma}_{dd}(z)\approx 0$，因此$\hat{\sigma}_{er}(z)$、$\hat{\sigma}_{ed}(z)$和$\hat{\sigma}_{rd}(z)$等可以忽略不计。

下面简单回顾超级原子模型。vdW 相互作用产生的偶极阻塞效应使得半径为$R_b\approx[\gamma_e C_6/(|\Omega_c|^2+|\Omega_d|^2)]^{1/6}$的偶极阻塞球内最多只有一个原子能被激发到里德堡态$|r\rangle$，其他原子大多处于基态$|g\rangle$。这样可以将偶极阻塞球内的所有原子，即$n_{SA}=\rho(r)V_{SA}$个原子（$V_{SA}=4\pi R_b^3/3$为偶极阻塞球体积），看作一个超级原子。超级原子间的相互作用可以忽略不计，可以认为，原子介质是由相互独立的超级原子构成的，这样能够大大降低系统希尔伯特空间的维度，从而简化计算。实际上，每个超级原子能级结构中含有很多集体态，综合考虑弱探测场和偶极阻塞效应，用以下 4 个集体态就可以描述一个超级原子，即$|G\rangle=|g\rangle^{\otimes n}$、$|E\rangle=\sum_j^{n_{SA}}|g_1,g_2,\cdots,e_j,\cdots,g_{n_{SA}}\rangle/\sqrt{n_{SA}}$、$|D\rangle=\sum_j^{n_{SA}}|g_1,g_2,\cdots,d_j,\cdots,g_{n_{SA}}\rangle/\sqrt{n_{SA}}$、$|R\rangle=\sum_j^{n_{SA}}|g_1,g_2,\cdots,r_j,\cdots,g_{n_{SA}}\rangle/\sqrt{n_{SA}}$。$|G\rangle$为超级原子的基态，表示每个原子都处于自己的基态，原子间无任何关联，故为可分离的直积量子态；$|E\rangle$和$|D\rangle$为超级原子的激发态，由于探测场较弱，认为只有一个原子被激发到对应的激发态是合理的；$|R\rangle$为超级原子的里德堡态，这是严格偶极阻塞效应的结果。在明确超级原子的集体态后，可以重新定义相应的跃迁算符，即$\hat{\Sigma}_{GE}=|G\rangle\langle E|$、$\hat{\Sigma}_{GR}=|G\rangle\langle R|$和$\hat{\Sigma}_{GD}=|G\rangle\langle D|$。在此基础上进一步定义投影算符$\hat{\Sigma}_{RR}=\hat{\Sigma}_{RG}\hat{\Sigma}_{GR}$。超级原子算符的动力学演化机制与单原子算符$\hat{\sigma}_{ge}$、$\hat{\sigma}_{gr}$和$\hat{\sigma}_{gd}$一样，满足式（6.4），只不过需要用增强的探测场拉比频率算符$\sqrt{n_{SA}}\hat{\Omega}_p^\dagger$代替式（6.4）中的$\hat{\Omega}_p^\dagger$。

6.3 原子极化率与传播方程

如果z处的超级原子处于里德堡态$|R\rangle$，vdW 相互作用引起的总的能级移

动满足$\left\langle \hat{S}(z) \right\rangle \to \infty$，则有$\left\langle \hat{S}(z) \right\rangle \gg \gamma_{\mathrm{e}}$。在偶极阻塞机制下，超级原子的里德堡态$|R\rangle$与其他 3 个集体态相干解耦，这时超级原子的行为类似于二能级吸收型原子系统而不是三能级或四能级 EIT 系统。与文献[28]略有不同，这里的双光子跃迁解耦自然会导致三光子跃迁也是解耦的。因此，基于上述考虑，总极化率可以分成两部分，即

$$\hat{P}(z) = P_2 \hat{\Sigma}_{\mathrm{RR}}(z) + P_4[1 - \hat{\Sigma}_{\mathrm{RR}}(z)] \tag{6.5}$$

二能级吸收型原子系统的极化率为

$$P_2 = \frac{-i\gamma_{\mathrm{e}}}{i\Delta_{\mathrm{p}} + \gamma_{\mathrm{e}}} \tag{6.6}$$

四能级 EIT 系统的极化率为

$$P_4 = \frac{-i\gamma_{\mathrm{e}}}{i\Delta_{\mathrm{p}} + \gamma_{\mathrm{e}} + \dfrac{|\Omega_{\mathrm{c}}|^2}{i\Delta_2 + \gamma_{\mathrm{r}} + \dfrac{|\Omega_{\mathrm{d}}|^2}{i\Delta_3 + \gamma_{\mathrm{d}}}}} \tag{6.7}$$

总极化率$\hat{P}(z)$取决于z处的超级原子是否被激发：当$\hat{\Sigma}_{\mathrm{RR}}(z) = 1$时，因为$|R\rangle$、$|D\rangle$均与$|E\rangle$解耦，所以有平均值$\left\langle \hat{P}(z) \right\rangle = P_2$；而当$\hat{\Sigma}_{\mathrm{RR}}(z) = 0$时，不存在解耦现象，所以有$\left\langle \hat{P}(z) \right\rangle = P_4$。当满足$|\Omega_{\mathrm{p}}|^2 = |\eta|^2 \left\langle \hat{\varepsilon}_{\mathrm{p}}^{\dagger}(z)\hat{\varepsilon}_{\mathrm{p}}(z) \right\rangle \leqslant \gamma_{\mathrm{e}}^2 / 9$时，投影算符为

$$\hat{\Sigma}_{\mathrm{RR}}(z) = \frac{(\Delta_3^2 + \gamma_{\mathrm{d}}^2)|\Omega_{\mathrm{c}}|^2 n_{\mathrm{SA}} |\eta|^2 \hat{\varepsilon}_{\mathrm{p}}^{\dagger}(z)\hat{\varepsilon}_{\mathrm{p}}(z)}{(\Delta_3^2 + \gamma_{\mathrm{d}}^2)|\Omega_{\mathrm{c}}|^2 n_{\mathrm{SA}} |\eta|^2 \hat{\varepsilon}_{\mathrm{p}}^{\dagger}(z)\hat{\varepsilon}_{\mathrm{p}}(z) + A_1 + A_2} \tag{6.8}$$

式中，$A_1 = [|\Omega_{\mathrm{c}}|^2 (\Delta_3^2 + \gamma_{\mathrm{d}}^2) + (\gamma_{\mathrm{r}}\gamma_{\mathrm{e}} - \Delta_2\Delta_{\mathrm{p}})(\Delta_3^2 + \gamma_{\mathrm{d}}^2) + |\Omega_{\mathrm{d}}|^2 (\gamma_{\mathrm{d}}\gamma_{\mathrm{e}} + \Delta_3\Delta_{\mathrm{p}})]^2$，$A_2 = [|\Omega_{\mathrm{d}}|^2 (\Delta_3\gamma_{\mathrm{e}} - \Delta_{\mathrm{p}}\gamma_{\mathrm{d}}) - (\Delta_2\gamma_{\mathrm{e}} + \Delta_{\mathrm{p}}\gamma_{\mathrm{r}})(\Delta_3^2 + \gamma_{\mathrm{d}}^2)]^2$。

考虑到超冷里德堡原子具有各向异性，探测场的光学响应会发生变化，稳态探测场强度$I_{\mathrm{p}}(z) = \left\langle \hat{\varepsilon}_{\mathrm{p}}^{\dagger}(z)\hat{\varepsilon}_{\mathrm{p}}(z) \right\rangle$满足传播方程

$$\partial_z \left\langle \hat{\varepsilon}_{\mathrm{p}}^{\dagger}(z)\hat{\varepsilon}_{\mathrm{p}}(z) \right\rangle = -\kappa(z) \left\langle \hat{\varepsilon}_{\mathrm{p}}^{\dagger}(z) \mathrm{Im}[\hat{P}(z)] \hat{\varepsilon}_{\mathrm{p}}(z) \right\rangle \tag{6.9}$$

式中，$\kappa(z)=\rho(z)\omega_{\mathrm{p}}\left|\wp_{\mathrm{ge}}{}^{2}\right|/(\hbar\varepsilon_{0}c\gamma_{\mathrm{e}})$ 为共振吸收系数；$\rho(z)$ 为 z 处的原子密度。

除了需要考虑探测场强度，还需要考虑量子关联性质，具体来讲，需要将式（6.9）中的 $\mathrm{Im}[\hat{P}(z)]$ 分离出来，用 $\langle\hat{P}(z)\rangle$、$\langle\hat{\Sigma}_{\mathrm{RR}}(z)\rangle$ 和 $\langle\hat{\varepsilon}_{\mathrm{p}}^{\dagger}(z)\hat{\varepsilon}_{\mathrm{p}}(z)\rangle g_{\mathrm{p}}^{(2)}(z)$ 代替式（6.5）、式（6.8）及式（6.9）中的 $\hat{P}(z)$、$\hat{\Sigma}_{\mathrm{RR}}(z)$ 和 $\hat{\varepsilon}_{\mathrm{p}}^{\dagger}(z)\hat{\varepsilon}_{\mathrm{p}}(z)$。这意味着虽然利用平均场理论能够减小求解多体问题的难度，但是它忽略了原子间的关联性质，因此需要引入二阶关联函数 $g_{\mathrm{p}}^{(2)}(z)=\langle\hat{\varepsilon}_{\mathrm{p}}^{\dagger 2}(z)\hat{\varepsilon}_{\mathrm{p}}^{2}(z)\rangle/\langle\hat{\varepsilon}_{\mathrm{p}}^{\dagger}(z)\hat{\varepsilon}_{\mathrm{p}}(z)\rangle^{2}$。在探测场传播过程中，二阶关联函数满足的微分方程为

$$\partial_{z}g_{\mathrm{p}}^{(2)}(z)=-\kappa(z)\langle\hat{\Sigma}_{\mathrm{RR}}(z)\rangle\mathrm{Im}(P_{2}-P_{4})g_{\mathrm{p}}^{(2)}(z) \tag{6.10}$$

计算微分方程，需要给定初值，即样品入口处的探测场强度 $I_{\mathrm{p}}(0)=\langle\hat{\varepsilon}_{\mathrm{p}}^{\dagger}(0)\hat{\varepsilon}_{\mathrm{p}}(0)\rangle$ 和 $g_{\mathrm{p}}^{(2)}(0)$（$g_{\mathrm{p}}^{(2)}(0)=1$、$g_{\mathrm{p}}^{(2)}(0)<1$ 和 $g_{\mathrm{p}}^{(2)}(0)>1$ 分别对应经典光子、反聚束光子和聚束光子），利用统计过程求解探测场强度和双光子关联满足的耦合方程，即式（6.5）至式（6.10）。具体过程如下：将长度为 L 的一维原子介质平均分成 $L/(2R_{\mathrm{SA}})$ 段，在每段中通过 Monte-Carlo 采样判断里德堡激发概率 $\langle\hat{\Sigma}_{\mathrm{RR}}(z)\rangle\to 1$ 还是 $\langle\hat{\Sigma}_{\mathrm{RR}}(z)\rangle\to 0$。在多次重复这样的过程后，对样品出口处相关的量取平均值，即可得到探测场穿过原子介质的稳态透射率和二阶关联函数值。

6.4 数值模拟结果讨论与分析

本章利用实际的实验参数进行数值模拟，并对数值模拟结果进行讨论与分析。共振条件下的探测场透射光谱如图 6.2 所示。其中，$\Delta_{\mathrm{c}}=\Delta_{\mathrm{d}}=0\mathrm{MHz}$，$\Omega_{\mathrm{c}}=\Omega_{\mathrm{d}}=5\mathrm{MHz}$。在超冷 $^{87}\mathrm{Rb}$ 原子中，选取 $|g\rangle$、$|e\rangle$、$|d\rangle$ 和 $|r\rangle$ 分别对应 $5S_{1/2}|F=2\rangle$、$5P_{3/2}|F=2\rangle$、$5P_{1/2}|F=2\rangle$ 和 $60S_{1/2}$，相应的弛豫速率为 $\gamma_{\mathrm{e}}=3.0\mathrm{MHz}$、$\gamma_{\mathrm{d}}=0.1\mathrm{MHz}$、$\gamma_{\mathrm{r}}=0.02\mathrm{MHz}$。原子密度为 $\rho(z)=1.32\times10^{7}\mathrm{mm}^{-3}$，介质长度为 $L=1.3\mathrm{mm}$，$C_{6}/2\pi=1.4\times10^{11}\mathrm{s}^{-1}\mu\mathrm{m}^{6}$。

从图 6.2 中可以看出，当 $\Omega_p(0)$ 很低时，由于两个经典控制场共振作用在对应的跃迁上，因此在 $\Delta_p = \pm\Omega_d$ 处存在两个对称的线性 EIT 窗口，其频率对应控制场（拉比频率为 Ω_d ）的缀饰态，用集体态表示为 $|R_\pm\rangle = (|R\rangle \pm |D\rangle)/\sqrt{2}$ 。这是因为探测场强度太低，导致没有原子被激发到里德堡态，因此偶极阻塞效应没有发挥作用，对应光谱具有独立四能级原子系统的特征。二阶关联函数也能够证明这一点，表现为无关联的经典光场 $g_p^{(2)}(L)/g_p^{(2)}(0) \equiv 1$ 。当 $\Omega_p(0)$ 提高时，两个 EIT 窗口处的透射被部分抑制，这是由于里德堡激发导致系统截断为二能级形式，其直接结果是在共振跃迁处（ $\Delta_p = 0$ MHz），光被完全吸收，在 $\Delta_p = \pm\Omega_d$ 处，部分偶极反阻塞效应产生透明现象，但是由于混入了二能级吸收成分，所以出现典型的非线性行为，且它随入射探测场强度的提高而变得更加明显，符合合作光学非线性的特征。与之对应，在 EIT 窗口内，由于透明得到抑制，几乎所有光子都被原子吸收，表现为反聚束效应 $g_p^{(2)}(L)/g_p^{(2)}(0) < 1$；而在 EIT 窗口外的 $\Delta_p = \pm 7.2$ MHz 处，光子关联为聚束效应 $g_p^{(2)}(L)/g_p^{(2)}(0) > 1$，且随着非线性的增强，聚束效应更明显。

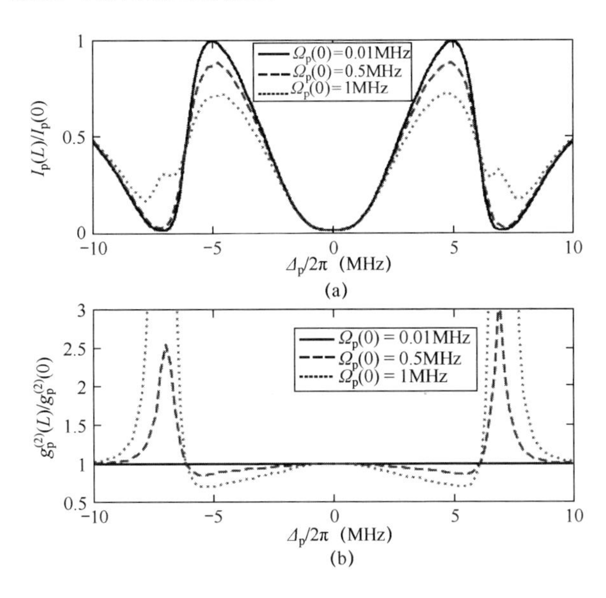

图 6.2　共振条件下的探测场透射光谱

右侧和左侧相干电磁场具有失谐的探测场透射光谱分别如图 6.3 和图 6.4 所示。在图 6.3 中，$\Delta_c = 2\text{MHz}$，$\Delta_d = 0\text{MHz}$。在图 6.4 中，$\Delta_c = 0\text{MHz}$，$\Delta_d = 2\text{MHz}$。令控制场（拉比频率为 Ω_c）主导的 $|e\rangle \to |r\rangle$ 由共振跃迁失谐为 $\Delta_c = 2\text{MHz}$，从图 6.3 中可以看出，线性光谱和非线性光谱的对称性都被破坏。两个 EIT 窗口出现在 $\Delta_p = \pm\Omega_d - \Delta_c$ 处，频率由共振向负失谐变化 2MHz。随着探测场强度的提高，两个 EIT 窗口的非线性程度也不再一致。具体来讲，在 $\Delta_p = -\Omega_d - \Delta_c$ 处，系统的非线性效应明显弱于 $\Delta_p = \Omega_d - \Delta_c$ 的情况，由式（6.8）可以简单判断出这两处的里德堡激发具有明显差异，单光子失谐导致前者的里德堡激发概率小于后者，偶极阻塞效应明显减弱，非线性行为也相应弱化。与之对应，虽然 EIT 窗口内的光子关联都是反聚束的，但是后者的单光子性更为确定。有趣的是，EIT 窗口外的反聚束行为正好相反，前者的数值明显高于后者。在这种情况下，要获得可靠的单光子源，应选择 $\Delta_p = \Omega_d - \Delta_c$ 处；要获得相互吸引的光子，应选择 $\Delta_p = -7.5\text{MHz}$ 处。

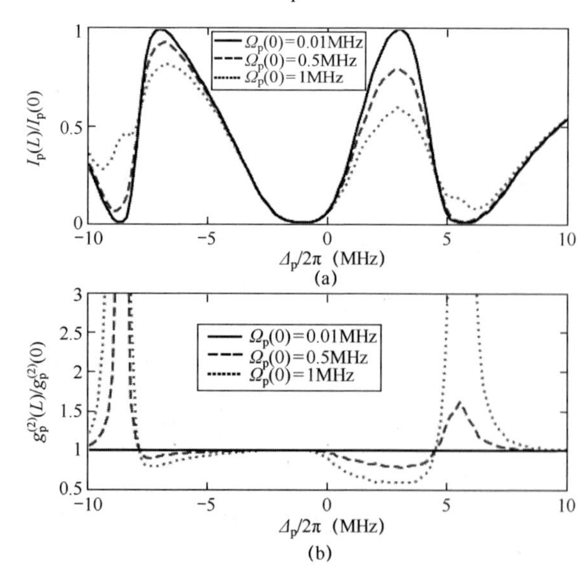

图 6.3　右侧相干电磁场具有失谐的探测场透射光谱

在保证 $|e\rangle \to |r\rangle$ 共振跃迁不变的情况下，令跃迁 $|r\rangle \to |d\rangle$ 失谐为 $\Delta_d = 2\text{MHz}$。

对比图 6.3 和图 6.4，相同点是 EIT 光谱的对称性都被破坏。不同点是图 6.4 中的两个 EIT 窗口分别出现在 $\Delta_{\mathrm{p}} \approx \pm\Omega_{\mathrm{p}} - 1$ 处，且非线性行为基本相反。由图 6.4 的透射率和光子关联响应可知，负失谐处的非线性 EIT 强于正失谐处的非线性 EIT，这说明失谐导致前者的里德堡激发概率明显大于后者，因此由偶极阻塞效应主导的非线性效应也具有对应关系。

最后，通过调整两个控制场的拉比频率的比值来研究四能级原子系统转化为三能级原子系统的过程中的非线性 EIT 行为。由前面的研究可知，当入射探测场的拉比频率较高时，系统有非线性 EIT 行为。不同拉比频率比值下的探测场透射光谱如图 6.5 所示，其中，$\Omega_{\mathrm{c}} = 5\mathrm{MHz}$。因为 EIT 窗口出现在 $\Delta_{\mathrm{p}} = \pm\Omega_{\mathrm{d}}$ 处，所以随着主导跃迁 $|r\rangle \to |d\rangle$ 的控制场强度的降低，EIT 窗口会逐渐靠近共振处（$\Delta_{\mathrm{p}} = 0\mathrm{MHz}$），同时伴有轻微的非线性增强效应，共振点附近的吸收谷越来越窄。当 $\Omega_{\mathrm{d}} / \Omega_{\mathrm{c}} = 0.002\mathrm{MHz}$ 时，两个 EIT 窗口变成一个具有非线性特征的 EIT 窗口，说明四能级结构已经转化为三能级结构，因此表现为对应的 EIT 光谱[28]。

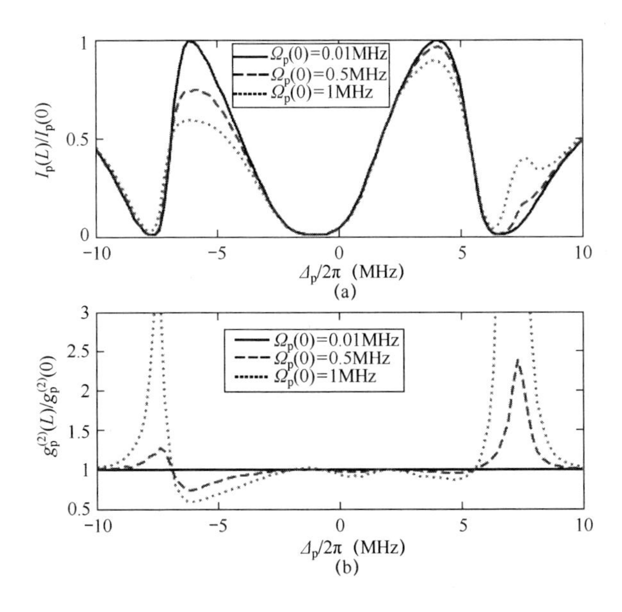

图 6.4　左侧相干电磁场具有失谐的探测场透射光谱

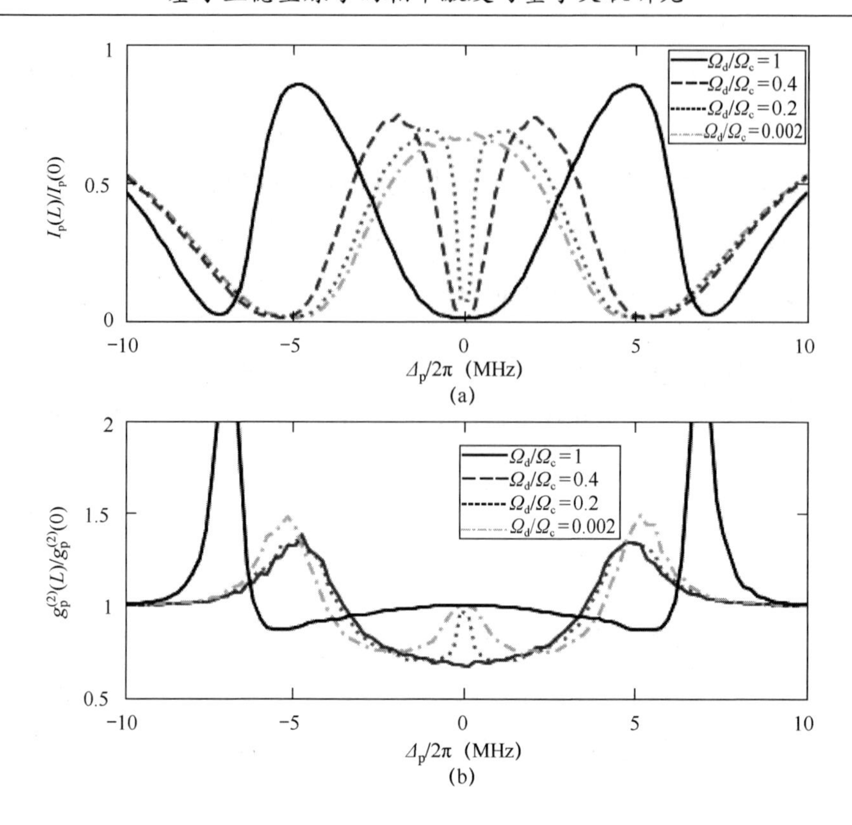

图 6.5　不同拉比频率比值下的探测场透射光谱

6.5　结论

本章讨论了一维四能级超冷原子系统的透射光学响应，关注电磁感应透明条件下的透射率和光子关联行为。研究表明，在这个系统中存在典型的非线性 EIT 特性，即光学响应对探测场强度敏感。通过调整单光子失谐，可以灵活控制系统的非线性光学响应，进一步获得关联光子。通过改变两个控制场的拉比频率比值，可以将四能级原子系统转化为三能级原子系统，并研究其中的非线性变化，这些研究为单光子水平的光学操控提供了理论依据，在量子信息处理技术中有重要的潜在应用。

参 考 文 献

[1] Harris S E. Electromagnetically Induced Transparency[J]. Physics Today, 1997, 50:36-42.

[2] Harris S E, Field J E, Imamoglu A. Nonlinear Optical Processes Using Electromagnetically Induced Transparency[J]. Physical Review Letters, 1990, 64:1107-1110.

[3] Fleichhauer M, Imamoglu A, Marangos J P. Electromagnetically Induced Transparency: Optics in Coherent Media[J]. Reviews of Modern Physics, 2005, 77:633-673.

[4] Kasapi A, Jain M, Yin G Y, et al. Electromagnetically Induced Transparency: Propagation Dynamics[J]. Physical Review Letters, 1995, 74:2447-2450.

[5] Hau L V, Harris S E, Dutton Z, et al. Light Speed Reduction to 17 Metres Per Second in an Ultracold Atomic Gas[J]. Nature, 1999, 397:594-598.

[6] Kash M M, Sautenkov V A, Zibrov A S, et al. Ultraslow Group Velocity and Enhanced Nonlinear Optical Effects in a Coherently Driven Hot Atomic Gas[J]. Physical Review Letters, 1999, 82:5229-5232.

[7] Cui C L, Jia J K, Gao J W, et al. Ultraslow and Superluminal Light Propagation in a Four-Level Atomic System[J]. Physical Review A, 2007, 76:033815-1-6.

[8] Lukin M D. Colloquium: Trapping and Manipulating Photon States in Atomic Ensembles[J]. Reviews of Modern Physics, 2003, 75:457-472.

[9] Phillips D F, Fleichhauer M, Mair A, et al. Storage of Light in Atomic Vapor[J]. Physical Review Letters, 2001, 86:783-786.

[10] He Q Y, Xue Y, Artoni M, et al. Coherently Induced Stop-Bands in Resonantly Absorbing and Inhomogeneously Broadened Doped Crystals[J]. Physical Review B, 2006, 73:195124-1-7.

[11] Wu J H, Larocca G C, Artoni M. Controlled Light-Pulse Propagation in Driven Color Centers in Diamond[J]. Physical Review B, 2008, 77:113106-1-4.

[12] Schmidt H, Ram R J. All-optical Wavelength Converter and Switch Based on Electromagnetically Induced Transparency[J]. Applied Physics Letters, 2000, 76:3173-3175.

[13] Brown A W, Xiao M. All-optical Switching and Routing Based on an Electromagnetically Induced Absorption Grating[J]. Optics Letters, 2005, 30:699-701.

[14] Saffman M, Walker T G. Creating Single-Atom and Single-Photon Sources from Entangled Atomic Ensembles[J]. Physical Review A, 2002, 66:065403-1-4.

[15] Walker T G. Quantum Optics: Strongly Interacting Photons[J]. Nature, 2012, 488:39-40.

[16] Peyronel T, Firstenberg O, Liang Q Y, et al. Quantum Nonlinear Optics[J]. Nature, 2012, 488:57-60.

[17] Gorshkov A V, Nath R, Pohl T. Dissipative Many-Body Quantum Optics in Rydberg Media[J]. Physical Reivew Letters, 2013, 110:153601.

[18] Gorniaczyk H, Tresp C, Schmidt J, et al. Single-Photon Transistor Mediated by Interstate Rydberg Interactions[J]. Physical Reivew Letters, 2014, 113:053601.

[19] Tiarks D, Baur S, Schneider K, et al. Single-Photon Transistor Using a Förster Resonance[J]. Physical Reivew Letters, 2014, 113:053602.

[20] Chen W, Beck K M, Bücker R, et al. All-Optical Switch and Transistor Gated by One Stored Photon[J]. Science, 2013, 341:768-770.

[21] Friedler I, Petrosyan D, Fleischhauer M, et al. Long-Range Interactions and Entanglement of Slow Single-Photon Pulses[J]. Physical Review A, 2005, 72(4):043803-1-4.

[22] Saffman M, Walker T, Mølmer K. Quantum Information with Rydberg Atoms[J]. Reviews of Modern Physics, 2010, 82(3):2313-2363.

[23] Tong D, Farooqi S M, Stanojevic J, et al. Local Blockade of Rydberg Excitation in an Ultracold Gas[J]. Physical Review Letters, 2004, 93:063001-1-4.

[24] Pritchard J D, Maxwell D, Gauguet A, et al. Cooperative Atom-Light Interaction in a Blockaded Rydberg Ensemble[J]. Physical Review Letters, 2010, 105:193603-1-4.

[25] Ates C, Sevinçli S, Pohl T. Electromagnetically Induced Transparency in Strongly Interacting Rydberg Gases[J]. Physical Review A, 2011, 83:041802(R)-1-4.

[26] Sevinçli S, Henkel N, Ates C, et al. Nonlocal Nonlinear Optics in Cold Rydberg Gases[J]. Physical Review Letters, 2011, 107:153001-1-5.

[27] Petrosyan D, Otterbach J, Fleischhauer M. Electromagnetically Induced Transparency with Rydberg Atoms[J]. Physical Review Letters, 2011, 107:213601-1-5.

[28] Liu Y M, Tian X D, Yan D, et al. Nonlinear Modifications of Photon Correlations via Controlled Single and Double Rydberg Blockade[J]. Physical Review A, 2015, 91:043802-1-7.

第 7 章 具有两体退相位的里德堡电磁感应透明

7.1 引言

电磁感应透明（EIT）[1-3]在量子光学和非线性光学[4-8]中扮演着重要角色，近二十年得到了广泛研究[9-12]。近年来，利用主量子数 $n \gg 1$ 的里德堡态研究 EIT 越来越受到人们的关注。里德堡原子具有长寿命和较强的两体相互作用。与距离相关的相互作用可以抑制附近原子的多重里德堡激发，从而产生里德堡激发阻塞。通过 EIT[13]将里德堡原子间的相互作用映射到光场，可以实现单光子间的强相互作用。这允许在单光子水平[14-15]上研究非线性量子光学[16]，并构建量子信息应用，如单光子源[17-19]、单光子滤波器[20]、单光子减法器[21-22]、单光子晶体管[23-24]、单光子开关[25-26]及单光子量子门[27-28]等。

在原子运动和有限的激光线宽[29]下，里德堡原子不可避免地会退相位和衰变。例如，一些学者在长时动力学研究中发现，单原子耗散与激光和原子耦合的情况类似，会与里德堡相互作用产生竞争。这种竞争会产生许多有趣的驱动耗散多体动力学行为，如单原子退相位[30]引起的量子玻璃行为、双稳和亚稳现象[31-32]、Mott 超流相变[33]、反铁磁相变[34]、由耗散主导的激发统计行为[35]、由耗散诱导的阻塞和反阻塞行为[36]等。尽管如此，稠密原子气体中出现的集体耗散过程，往往通过两体偶极耦合[37-38]的方式引起亚辐射和超辐射现象。

本章在考虑 vdW 相互作用和两体退相位行为的情况下研究里德堡电磁感应透明，而两体退相位行为是由一对接近简并的里德堡能级发生偶极耦合引起的[39–52]。先推导主方程，所选取的里德堡态存在 vdW 相互作用和两体退相位行为；然后直接对角化小系统的主方程，进而使用超级原子方法对大系统[53]进行处理。研究由两体相干和非相干的相互作用引起的里德堡电磁感应透明稳态性质。我们发现，两体退相位可以明显增大阻塞半径，从而改变探测场的透射率和光子关联。

本章描述多体哈密顿量和主方程；通过求解两个原子的主方程来讨论两体退相位对相对阻塞半径的修正，进而通过分析得到系统的有效哈密顿量；利用海森堡—郎之万方程求解传输特性，确定探测光的透射率受待定偏振膜色散影响的参数。EIT 窗口和 AT 劈裂处的两体退相位对光子—光子关联有很大影响。

7.2 多体哈密顿量与主方程

对于由 N 个铷原子组成的超冷原子气体，考虑两体退相位行为的三能级 Λ 型原子系统如图 7.1 所示。图 7.1（a）表示单原子能级结构，弱探测场（拉比频率为 $\hat{\Omega}_{\mathrm{p}}$，失谐为 Δ_{p}）和强耦合场（拉比频率为 Ω_{d}，失谐为 Δ_{d}）分别耦合基态 $|g\rangle$、衰减率为 γ_{e} 的中间激发态 $|e\rangle$ 和里德堡态 $|d\rangle$，其能级分别为 $|g\rangle=|5S\rangle$、$|e\rangle=|5P\rangle$ 和 $|d\rangle=|nD\rangle$。V_{jk} 和 Γ_{jk} 为长程 vdW 作用势和两体退相位速率。图 7.1（b）表示超级原子由 3 个集体态 $|G\rangle$、$|E\rangle$ 和 $|D\rangle$ 组成。$|G\rangle$ 和 $|E\rangle$ 之间的耦合强度为 $|e\rangle$ 和 $|g\rangle$ 之间的 $\sqrt{N}$ 倍。图 7.1（c）表示在一维超冷原子介质（长度为 L）中，有两体退相位行为（实线）和没有两体退相位行为（虚线）的超级原子。超级原子的数量随着超级原子半径的增大而减少。

在图 7.1（a）中，位于 r_j 和 r_k 处的两个原子之间的长程 vdW 作用势

$V_{jk}=C_6/R_{jk}^6$（C_6 为 vdW 系数，$R_{jk}=|r_j-r_k|$ 为原子间距）往往会导致里德堡态共振激发产生能级移动，从而影响探测光[54-63]的传输行为。系统的哈密顿量为（$\hbar\equiv 1$）

$$\hat{H}=\hat{H}_0+\hat{V}_{\mathrm{d}}(R) \tag{7.1}$$

式中，$\hat{H}_0=\sum_{j=1}^{N}[\varDelta_{\mathrm{p}}\hat{\sigma}_{\mathrm{ee}}^j+(\varDelta_{\mathrm{p}}+\varDelta_{\mathrm{d}})\hat{\sigma}_{\mathrm{dd}}^j]+[\hat{\varOmega}_{\mathrm{p}}\hat{\sigma}_{\mathrm{eg}}^j+\varOmega_{\mathrm{d}}\hat{\sigma}_{\mathrm{ed}}^j+\mathrm{h.c}]$ 描述原子与光的耦合。定义拉比频率 $\hat{\varOmega}_{\mathrm{p}}=g\hat{\varepsilon}_{\mathrm{p}}$，$g$ 是单原子耦合常数[29]。$\hat{V}_{\mathrm{d}}(R)=\sum_{j>k}V_{jk}\hat{\sigma}_{\mathrm{dd}}^j\hat{\sigma}_{\mathrm{dd}}^k$ 是里德堡原子间的 vdW 作用势，$\hat{\sigma}_{\mathrm{mn}}^j=|m\rangle_j\langle n|$ 是第 j 个原子的跃迁算符。

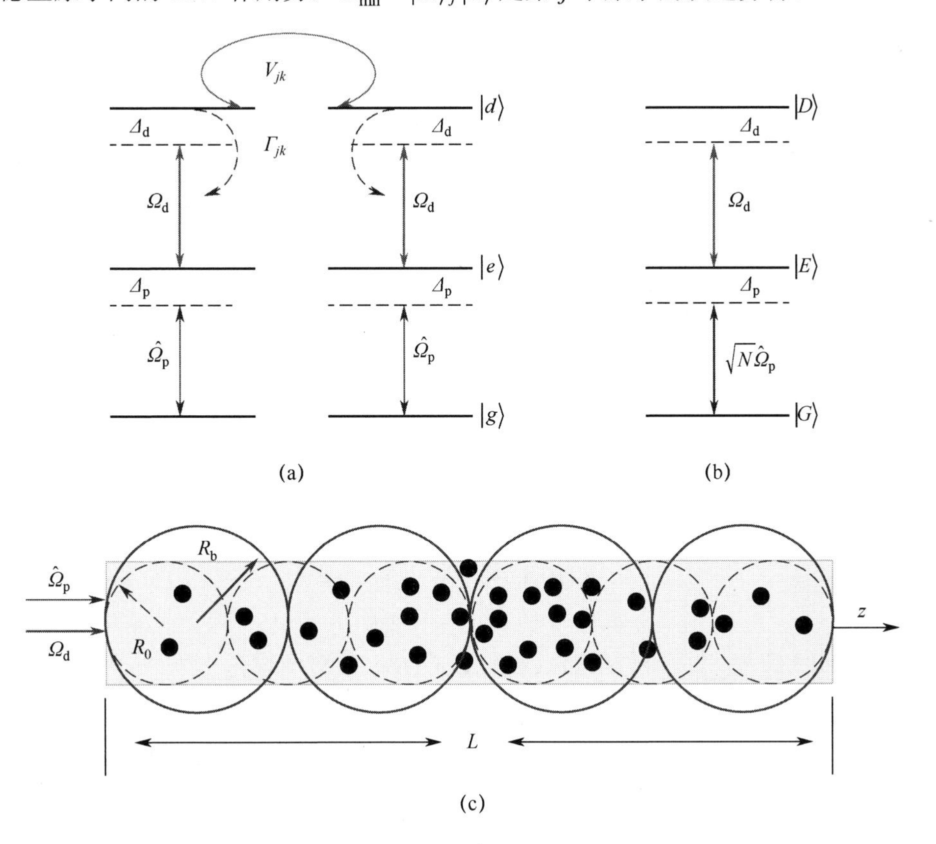

图 7.1　考虑两体退相位行为的三能级 Λ 型原子系统

由于里德堡态 $|d\rangle$ 存在微小量子缺陷和 Foster 共振，所以处于 $|d\rangle$ 态的一

对里德堡原子可以通过偶极—偶极相互作用与其他能量相近的态耦合。为了避免显式地处理这些背景态带来的计算困难的问题，这里假设背景态中的原子迅速衰变到$|d\rangle$态，这样可以绝热消除分子态，从而产生$|d\rangle$态下的有效两体退相位（见附录）。进一步考虑其他衰变过程，描述多原子系统动力学行为的主方程为

$$\begin{aligned}\dot{\varrho}=&-i[\hat{H},\varrho]+2\gamma_{\mathrm{e}}\sum_{j}\left(\hat{\sigma}_{\mathrm{ge}}^{j}\varrho\hat{\sigma}_{\mathrm{eg}}^{j}-\frac{1}{2}\{\varrho,\hat{\sigma}_{\mathrm{eg}}^{j}\hat{\sigma}_{\mathrm{ge}}^{j}\}\right)\\&+2\gamma_{\mathrm{d}}\sum_{j}\left(\hat{\sigma}_{\mathrm{cdl}}^{j}\varrho\hat{\sigma}_{\mathrm{cl}}^{j}-\frac{1}{2}\{\varrho,\hat{\sigma}_{\mathrm{cd}}^{j}\}\right)\\&+\sum_{j>k}\Gamma_{jk}\left(\hat{\sigma}_{\mathrm{cld}}^{j}\hat{\sigma}_{\mathrm{cdl}}^{k}\varrho\hat{\sigma}_{\mathrm{cll}}^{k}\hat{\sigma}_{\mathrm{dd}}^{j}-\frac{1}{2}\{\varrho,\hat{\sigma}_{\mathrm{cl}}^{k}\hat{\sigma}_{\mathrm{cd}}^{j}\}\right)\end{aligned}\tag{7.2}$$

式中，γ_{d}是处于$|d\rangle$态的单原子退相位速率；$\Gamma_{jk}=\Gamma_{6}/R_{jk}^{6}$是与距离相关的两体退相位速率，$\Gamma_{6}$为两体退相位强度。

7.3 两体退相位增强阻塞效果

本节研究双原子结构的两体退相位行为。通过求解主方程来获得双原子的稳态关联函数$C(R)$，然后利用稳态关联函数对两体关联程度进行估计，即

$$C(R_{12})=\frac{\left\langle\hat{\sigma}_{\mathrm{dd}}^{1}\hat{\sigma}_{\mathrm{dd}}^{2}\right\rangle}{\left\langle\hat{\sigma}_{\mathrm{cd}}^{1}\right\rangle\left\langle\hat{\sigma}_{\mathrm{cdl}}^{2}\right\rangle}C(R)\tag{7.3}$$

不同的$C(R)$对应不同的统计特性。$C(R)<1$对应反聚束效应，表明双原子激发被抑制；$C(R)>1$对应聚束效应，表明双原子激发被增强。反聚束效应与激发中的亚泊松统计有关，而聚束效应与超泊松统计有关。在$C(R)=1$的特殊情况下，里德堡激发相互独立，服从泊松分布。

阻塞半径的确定如图 7.2 所示。图 7.2（a）为双光子共振（$\Delta_{\mathrm{p}}+\Delta_{\mathrm{d}}=0\,\mathrm{MHz}$）下的稳态关联函数与原子间距的关系曲线，其中，$\Gamma_{6}=2C_{6}$，$\Omega_{\mathrm{p}}/2\pi=0.5\mathrm{MHz}$，

由于存在 vdW 作用势和两体退相位行为，近距离的双原子同时激发被抑制，因此 $R\approx0\,\mu\text{m}$ 周围的双光子关联可以忽略不计；一旦原子间距变大，双光子关联就迅速增强，并在 $R\to\infty$ 时达到饱和（$C(R)=1$）；特别地，当单光子失谐（$\varDelta_{\rm p}$）很高时，可以观察到双光子关联出现最大值。图 7.2（b）为不同 $\varGamma_6/C_6$ 下的 $C(R)$，其中，$\varDelta_{\rm d}=-\varDelta_{\rm p}=2\pi\times4\text{MHz}$。聚焦大失谐区，可以发现，随着 $\varGamma_6$ 的增大，$C(R)$的最大值逐渐减小，但其对应的阻塞半径增大。该结果表明，两体退相位增强了阻塞效果。具体来讲，两体退相位是通过增大阻塞半径来增强阻塞效果的。

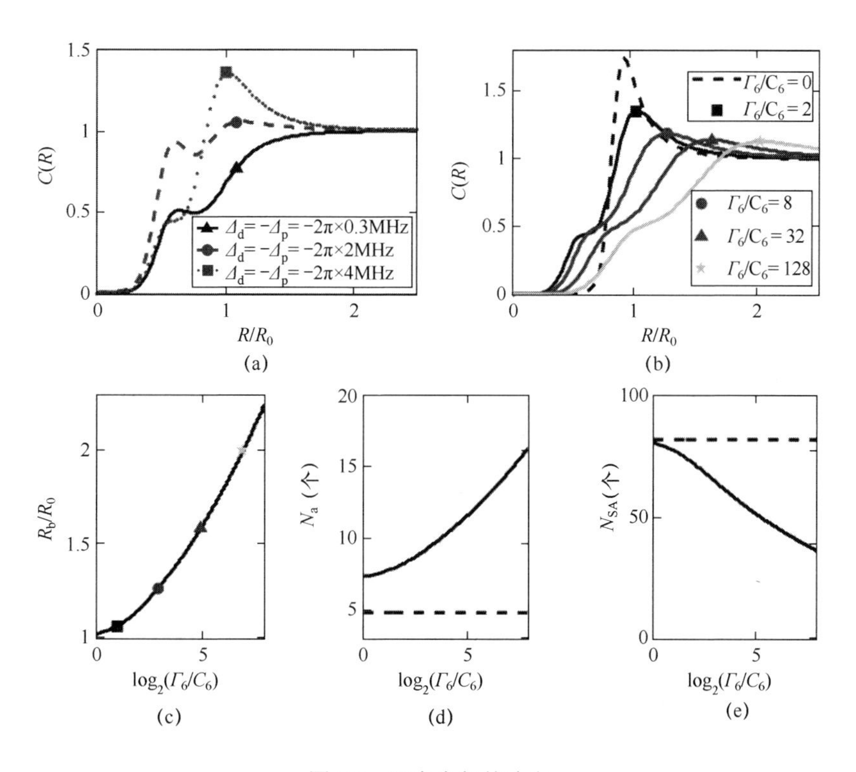

图 7.2　阻塞半径的确定

7.3.1　两体退相位的阻塞半径

由于里德堡态的线宽与 vdW 相互作用存在竞争，在没有两体退相位的情况

下，对于单光子大失谐，阻塞半径 $R_0 \simeq \sqrt[6]{C_6\left|\gamma_\mathrm{e}+i\Delta_\mathrm{d}\right|/\Omega_\mathrm{d}^2}$[20,50,53,55-56,59][64-66]。在由阻塞半径 R_0 决定的体积内，最多只有一个里德堡原子被激发，原因在于 vdW 相互作用阻止了多个里德堡原子被激发。

当存在两体退相位时，系统的非厄米哈密顿量为

$$\hat{H}_\mathrm{eff}=\hat{H}_0+\sum_{j>k}\left(\frac{C_6}{R_{jk}^6}-i\frac{\Gamma_6}{2R_{jk}^6}\right)\hat{\sigma}_\mathrm{dd}^j\hat{\sigma}_\mathrm{dd}^k \tag{7.4}$$

这里的 vdW 相互作用和两体退相位已经完全结合。此时，这两项分别被视为复数的实部和虚部，进而给出新的阻塞半径

$$R_\mathrm{b}\simeq\sqrt[6]{\left|1-i\frac{\Gamma_6}{2C_6}\right|}R_0 \tag{7.5}$$

显然，随着 Γ_6 的增大，阻塞半径会变大。在强退相位极限（$\Gamma_6 \gg C_6$）下，阻塞半径完全由 Γ_6 决定，即 $R_\mathrm{b}\sim\sqrt[6]{\Gamma_6/2C_6}R_0$。重要的是，$R_\mathrm{b}$ 与 $C(R)$ 取最大值时的距离 R_0 对应，如图 7.2（b）和图 7.2（c）所示。此结果与典型的里德堡电磁感应透明[66]阻塞半径的推导完全一致。因此，我们将 R_b 视为该耗散光学介质的有效阻塞半径。

7.3.2 增强阻塞效果

N_a 为每个超级原子中的原子数，N_SA 为一维原子介质中的超级原子数。随着 Γ_6 的增大，超级原子的体积变大，固定介质长度，则超级原子减少。在图 7.2（b）到图 7.2（e）中，$\Omega_\mathrm{d}/2\pi=2\mathrm{MHz}$、$\gamma_\mathrm{e}/2\pi=3\mathrm{MHz}$、$\gamma_\mathrm{d}/2\pi=10\mathrm{kHz}$、$C_6/2\pi=140\mathrm{GHz}\cdot\mu\mathrm{m}^6$、$L=1\mathrm{mm}$。

在稠密原子气体中，随着两体退相位阻塞半径的增大，阻塞效果得到增强。在阻塞区域内，原子本质上是二能级原子（$|g\rangle$ 态和 $|e\rangle$ 态）。它们表现为一个由 3 个集体态组成的超级原子，即 $|G\rangle=\left|g_1,\cdots,g_{N_\mathrm{a}}\right\rangle$、$|E\rangle=\sum_j\left|g_1,\cdots,e_j,\cdots,g_{N_\mathrm{a}}\right\rangle/\sqrt{N_\mathrm{a}}$

和$|D\rangle=\sum_j\left|g_1,\cdots,d_j,\cdots,g_{N_\mathrm{a}}\right\rangle/\sqrt{N_\mathrm{a}}$，见图 7.1（b）。体积为$V=4\pi R_\mathrm{b}^3/3$的超级原子中的原子数为$N_\mathrm{a}=4\pi\rho R_\mathrm{b}^3/3$，其中，$\rho$是原子气体的密度。因此，两体退相位增大了超级原子的“质量”（原子数），见图 7.1（c）和图 7.2（d）。在弱探测场极限下，由于存在阻塞效应，所以在动力学过程中不包含两个或两个以上里德堡激发的集体态。

在一维情况下，超级原子数$N_\mathrm{SA}=L/R_\mathrm{b}$随阻塞半径的增大而减小。然而，被阻塞的原子数$N_\mathrm{tot}=N_\mathrm{SA}N_\mathrm{a}=4\pi L\rho R_\mathrm{b}^2/3$随阻塞半径的增大而增大。因此，我们得到的超级原子较少，而阻塞原子（二能级原子）较多。这些二能级原子破坏了电磁感应透明条件，引起光散射。结果是：当两体退相位速率较大时，光子传输会减少。

7.4　探测光的传输和关联

本节通过求解海森堡—郎之万方程来研究弱探测光的稳态性质。由于原子密度较大，所以连续极限是可行的，因而当光脉冲宽度小于阻塞半径时，在实验中可以实现一维模型。

7.4.1　海森堡—郎之万方程

利用超级原子模型和式（7.2）可以得到光子算符和原子算符的海森堡—郎之万方程[53]

$$\begin{cases}\partial_t\hat{\varepsilon}_\mathrm{p}(z)=-c\partial_z\hat{\varepsilon}_\mathrm{p}(z)+i\eta N\hat{\sigma}_\mathrm{ge}(z)\\ \partial_t\hat{\sigma}_\mathrm{ge}(z)=-(i\varDelta_\mathrm{p}+\gamma_\mathrm{e})\hat{\sigma}_\mathrm{ge}(z)-i\hat{\varOmega}_\mathrm{p}^\dagger(z)-i\varOmega_\mathrm{d}\hat{\sigma}_\mathrm{gd}(z)\\ \partial_t\hat{\sigma}_\mathrm{gd}(z)=-i[\varDelta+\hat{S}_\mathrm{V}(z)-i\hat{S}_\Gamma(z)]\hat{\sigma}_\mathrm{gd}(z)-\gamma_\mathrm{d}\hat{\sigma}_\mathrm{gd}(z)-i\varOmega_\mathrm{d}\hat{\sigma}_\mathrm{ge}(z)\end{cases}\tag{7.6}$$

式中，$\varDelta=\varDelta_\mathrm{p}+\varDelta_\mathrm{d}$是双光子失谐。$\hat{S}_\mathrm{V}(z)=\int d^3z'\rho(z')C_6/\left|z-z'\right|^6\hat{\sigma}_\mathrm{dd}(z')$和

$\hat{S}_{\Gamma}(z)=\int d^3z'\rho(z')\Gamma_6/2|z-z'|^6\,\hat{\sigma}_{dd}(z')$ 分别表示相互作用能和两体退相位能。$\hat{S}_{V}$ 和 $\hat{S}_{\Gamma}$ 都是非定域的，因为这些量取决于原子气体和里德堡布居的总密度 $\rho(z)$。

在已知阻塞半径的情况下，通过求解稳态下独立超级原子的海森堡—郎之万方程，可以得到投影算符[53]

$$\hat{\Sigma}_{DD}(z)=\frac{N_a\eta^2\hat{\varepsilon}_p^{\dagger}(z)\hat{\varepsilon}_p(z)\Omega_d^2}{N_a\eta^2\hat{\varepsilon}_p(z)\hat{\varepsilon}_p^{\dagger}(z)\Omega_d^2+(\Omega_d^2-\Delta\Delta_p)^2+\Delta^2\gamma_e^2} \tag{7.7}$$

探测场的极化率为

$$\hat{P}(z)=\hat{\Sigma}_{DD}(z)P_2+[1-\hat{\Sigma}_{DD}(z)]P_3 \tag{7.8}$$

二能级原子系统的极化率为

$$P_2=\frac{i\gamma_e}{\gamma_e+i\Delta_p} \tag{7.9}$$

三能级原子系统的极化率为

$$P_3=\frac{i\gamma_e}{\gamma_e+i\Delta_p+\dfrac{\Omega_d^2}{\gamma_d+i\Delta}} \tag{7.10}$$

显然，超级原子的光学响应取决于投影算符，当 $\hat{\Sigma}_{DD}(z)=1$ 时，超级原子的行为与二能级原子系统相似。

可以根据探测场强度 $I_p(z)=\left\langle\hat{\varepsilon}_p^{\dagger}(z)\hat{\varepsilon}_p(z)\right\rangle$ 研究探测光的透射性质。在稳态下，$I_p(z)$ 满足一阶微分方程

$$\partial_z\left\langle\hat{\varepsilon}_p^{\dagger}(z)\hat{\varepsilon}_p(z)\right\rangle=-\kappa(z)\left\langle\mathrm{Im}[\hat{P}(z)]\hat{\varepsilon}_p^{\dagger}(z)\hat{\varepsilon}_p(z)\right\rangle \tag{7.11}$$

式中，$\kappa(z)=\rho(z)\omega_p/(\epsilon_0 c\gamma_e)$ 表示共振吸收系数。类似地，我们发现二阶关联函数 $g_p^{(2)}(z)=\left\langle\hat{\varepsilon}_p^{\dagger 2}(z)\hat{\varepsilon}_p^2(z)\right\rangle/\left\langle\hat{\varepsilon}_p^{\dagger}(z)\hat{\varepsilon}_p(z)\right\rangle^2$ 服从[53]

$$\partial_z g_{\mathrm{p}}^{(2)}(z) = -\kappa(z)\,\mathrm{Im}[P_2 - P_3]\left\langle \hat{\Sigma}_{\mathrm{DD}}(z)\right\rangle g_{\mathrm{p}}^{(2)}(z) \tag{7.12}$$

可以看出，二阶关联函数与阻塞半径有关。当光子间距小于阻塞半径时，其衰减率与 $\hat{\Sigma}_{\mathrm{DD}}(z)$ 和二能级原子的吸收率成正比。

求解式（7.6）至式（7.12），将一维原子介质分为 $N_{\mathrm{SA}} = L/(2R_{\mathrm{b}})$ 个超级原子，然后通过 Monte-Carlo 采样判断是 $\left\langle \hat{\Sigma}_{\mathrm{DD}}(z)\right\rangle \to 1$ 还是 $\left\langle \hat{\Sigma}_{\mathrm{DD}}(z)\right\rangle \to 0$。为了得到平均值，此过程需要多次重复。

7.4.2　探测场的传输特性

受系统参数影响的探测场透射率如图 7.3 所示。在图 7.3（a）、图 7.3（b）和图 7.3（d）中，$\rho = 0.5\times 10^{11}\mathrm{mm}^{-3}$。在图 7.3（a）和图 7.3（b）中，$\Omega_{\mathrm{p}}(0)/2\pi = 0.3\mathrm{MHz}$。在图 7.3（c）中，$\Gamma_6 = 32C_6$。其他参数同图 7.2。探测场透射率 $\tilde{I}_{\mathrm{p}}(L) = I_{\mathrm{p}}(L)/I_{\mathrm{p}}(0)$。由于有暗态极化子形成，在没有 vdW 相互作用或两体退相位行为的情况下，在 EIT 窗口内（$|\Delta_{\mathrm{p}}| \leqslant |\Omega_{\mathrm{d}}|^2/\gamma_{\mathrm{e}}$）获得了高透射率。vdW 相互作用会降低传输率。当存在两体退相位行为时，EIT 窗口内的透射率降低，见图 7.3（a）[3]。当 Γ_6 增大时，$\tilde{I}_{\mathrm{p}}(L)$ 逐渐减小，见图 7.3（b）。较低的透射率表明有较多的原子被禁止形成暗态极化子[3]，这与前面的分析结果一致。

在 EIT 窗口外（$|\Delta_{\mathrm{p}}| > |\Omega_{\mathrm{d}}|^2/\gamma_{\mathrm{e}}$），透射率随 Δ_{p} 的提高而降低，在 AT 劈裂处 $\Delta_{\mathrm{p}} = \pm\Omega_{\mathrm{d}}$ 达到最低。在这个区域内，两体退相位带来的影响几乎可以忽略不计，见图 7.3（a）。类似于电磁感应透明在里德堡介质中的传输[53]，介质进入线性吸收区域，其中 vdW 相互作用和两体退相位都不会对光子吸收有较大的影响。

接下来，重点介绍 EIT 窗口内的传输特性，并探索退相位系数与其他参数的关系带来的影响。通过改变原子密度和探测场的拉比频率来计算投射率。为了突出两体退相位的作用，这里计算在有和没有两体退相位时的透射率之差，$\delta\tilde{I}=\tilde{I}_{\rm p}(L)-\tilde{I}_{\rm p}^{0}(L)$，其中 $\tilde{I}_{\rm p}^{0}(L)$ 表示在没有两体退相位时的透射率。见图 7.3（c），我们发现探测场越强（$\Omega_{\rm p}$ 越高）、原子密度越大，两体退相位效应就越明显。图 7.3（c）所示的“相图”使我们能够区分以两体退相位为主的区域，当 $\delta\tilde{I}>1\%$ 时，绘制相位边界（虚线）。在相位边界以下，透射率在很大程度上受 vdW 相互作用的影响；而在相位边界以上，原子气体表现出活跃的两体退相位依赖。也就是说，两体退相位使光子传输减少。

由图 7.3（d）可知，固定 Γ_6，透射率随 $\Omega_{\rm p}$ 的提高而降低，这是由于 vdW 相互作用引起了强烈的能级移动[22,53]；固定 $\Omega_{\rm p}$，则透射率随 Γ_6 的增大而降低，即电磁感应透明由两体退相位主导。

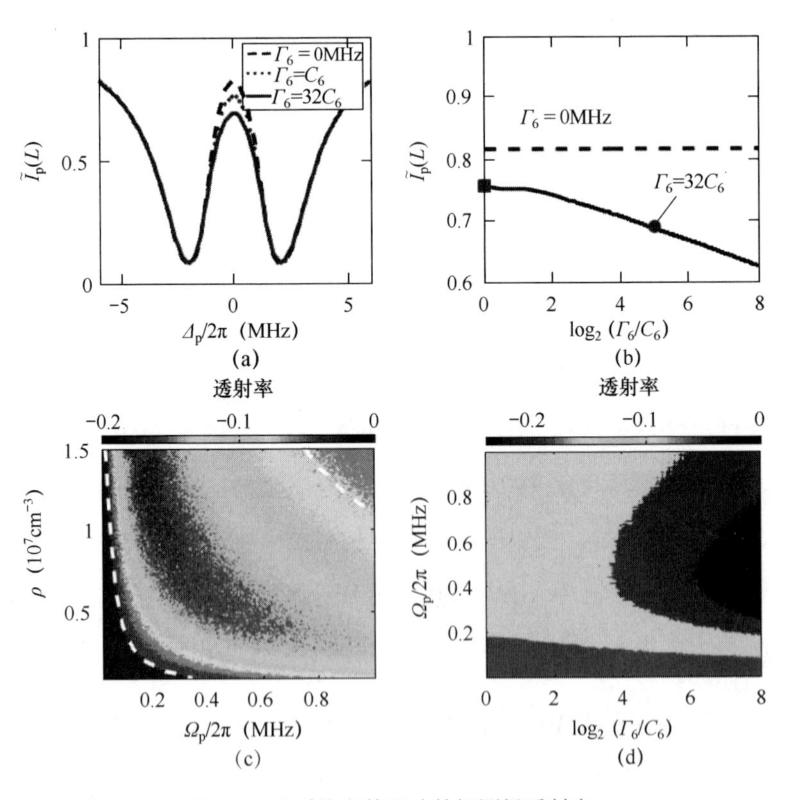

图 7.3　受系统参数影响的探测场透射率

7.4.3　光子—光子关联

光子—光子关联函数表现出对两体退相位的依赖性。归一化二阶关联函数与失谐和两体退相位强度的关系曲线如图 7.4 所示。归一化二阶关联函数 $\tilde{g}_{\mathrm{p}}^{(2)}(L)=g_{\mathrm{p}}^{(2)}(L)/g_{\mathrm{p}}^{(2)}(0)$。在 EIT 窗口内，当存在两体退相位时，$\tilde{g}_{\mathrm{p}}^{(2)}(L)$ 会变小。当 Γ_6 增大时，关联性明显降低，关联性越低，表明反聚束效应越强。有趣的是，此时电磁感应透明在图 7.3（a）窗口内的透射率很高。

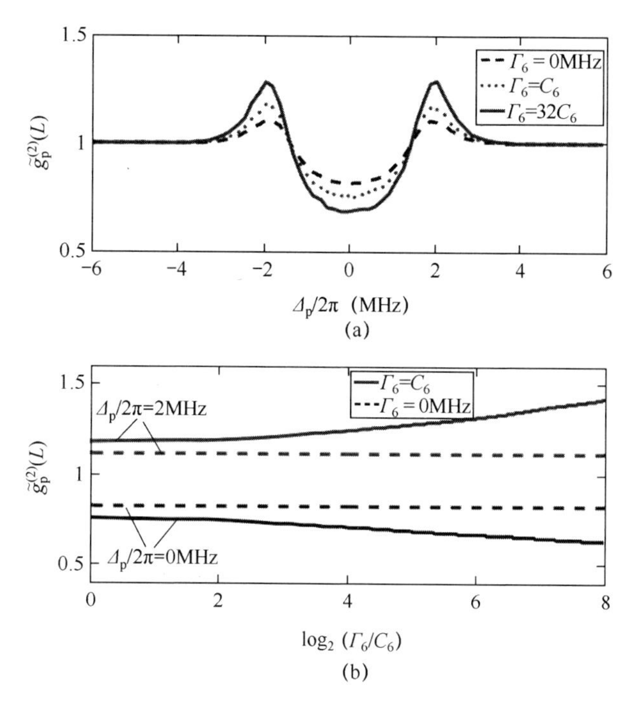

图 7.4　归一化二阶关联函数与失谐和两体退相位强度的关系曲线

两体退相位会增大 EIT 窗口外的 $\tilde{g}_{\mathrm{p}}^{(2)}(L)$。在 AT 劈裂处 $\Delta_{\mathrm{p}}\approx\pm\Omega_{\mathrm{d}}$ 获得了最大值。随着 Γ_6 的增大，其最大值也增大。需要指出的是，在 AT 劈裂处，透射率是最低的。在这种情况下，很难观察到两体退相位增强的聚束效应，原因在于光子流量很小。

7.5 结论

本章研究了包含里德堡态的一维超冷原子气体的 EIT。在该模型中，每对原子不仅存在 vdW 相互作用，还存在非局域的两体退相位行为。研究表明，两体退相位可以增大有效阻塞半径。在 EIT 窗口内，两体退相位会增强阻塞效应，降低透射率，增强光子的反聚束效应。远离 EIT 窗口，传输几乎不受两体退相位的影响。然而，在 AT 劈裂处，聚束效应会明显增强。

这里重点研究了一维原子介质中的稳态探测光行为。两体退相位和 vdW 相互作用往往会共同影响短光脉冲的传播，以及瞬态动力学行为[46-47]。在 2D 和 3D 情况下，有效退相位的角度会影响光在原子气体中的传输和里德堡激发行为。我们正基于本章所研究的模型探索这些物理过程。除了超冷里德堡原子，我们的工作还涉及多体物理和开放量子系统研究，为理解两体退相位对多体耗散动力学和平衡态的影响提供了平台。

参 考 文 献

[1] Harris S E, Field J E, Imamoglu A. Nonlinear Optical Processes Using Electromagnetically Induced Transparency[J]. Physical Review Letters, 1990, 64:1107-1110.

[2] Boller K J, Imamoglu A, Harris S E. Observation of Electromagnetically Induced Transparency[J]. Physical Review Letters, 1991, 66:2593-2596.

[3] Fleichhauer M, Imamoglu A, Marangos J P. Electromagnetically Induced Transparency: Optics in Coherent Media[J]. Reviews of Modern Physics, 2005, 77:633-673.

[4] Liu C, Dutton Z, Behroozi C H, et al. Observation of Coherent Optical Information Storage in an Atomic Medium Using Halted Light Pulses[J]. Nature, 2001, 409:490-493.

[5] Lukin M D. Colloquium:Trapping and Manipulating Photon States in Atomic Ensembles[J]. Reviews of Modern Physics, 2003, 75:457-472.

[6] Chanelière T, Matsukevich D N, Jenkins S D, et al. Storage and Retrieval of Single Photons Transmitted Between Remote Quantum Memories[J]. Nature, 2005, 438:833-836.

[7] Appel J, Figueroa E, Korystov D, et al. Quantum Memory for Squeezed Light[J]. Physical Review Letters, 2008, 100:093602-1-4.

[8] Lvovsky A I, Sanders B C, Tittel W. Optical Quantum Memory[J]. Nature Photonics, 2009, 3:706-714.

[9] Paternostro M, Kim M S, Ham B S. Generation of Entangled Coherent States via Cross-Phase-Modulation in a Double Electromagnetically Induced Transparency Regime[J]. Physical Review A, 2003, 67:023811-1-15.

[10] Payne M G, Deng L. Quantum Entanglement of Fock States with Perfectly Efficient Ultraslow Single-Probe Photon Four-Wave Mixing[J]. Physical Review Letters, 2003, 91:123602-1-4.

[11] Ottaviani C, Vitali D, Artoni M, et al. Polarization Qubit Phase Gate in Driven Atomic Media[J]. Physical Review Letters, 2003, 90:197902-1-4.

[12] Petrosyan D. Towards Deterministic Optical Quantum Computation with Coherently Driven Atomic Ensembles[J]. Journal of Optics B: Quantum and Semiclassical Optics, 2005, 7:S141-S151.

[13] Gorshkov A V, Nath R, Pohl T. Dissipative Many-Body Quantum Optics in Rydberg Media[J]. Physical Reivew Letters, 2013, 110:153601-1-6.

[14] Firstenberg O, Adams C S, Hofferber S. Nonlinear Quantum Optics Mediated by Rydberg Interactions[J]. Journal of Physics B: Atomic, Molecular and Optical Physics, 2016, 49:152003-1-16.

[15] Liang Q Y, Venkatramani A V, Cantu S H, et al. Observation of Three-Photon Bound States in a Quantum Nonlinear Medium[J]. Science, 2018, 359:783-786.

[16] Saffman M, Walker T, Mølmer K. Quantum Information with Rydberg Atoms[J]. Reviews of Modern Physics, 2010, 82(3):2313-2363.

[17] Saffman M, Walker T G. Creating Single-Atom and Single-Photon Sources from Entangled Atomic Ensembles[J]. Physical Review A, 2002, 66:065403-1-4.

[18] Walker T G. Quantum Optics: Strongly Interacting Photons[J]. Nature, 2012, 488:39-40.

[19] Muller M M, Kolle A, Low R, et al. Room Temperature Rydberg Single Photon Source[J]. Physical Review A, 2013, 87(5):053412-1-5.

[20] Peyronel T, Firstenberg O, Liang Q Y, et al. Quantum Nonlinear Optics with Single Photon Enabled by Strongly Interacting Atoms[J]. Nature, 2012, 488:57-60.

[21] Honer J, Löw R, Weimer H, et al. Artificial Atoms Can Do More Than Atoms: Deterministic Single Photon Subtraction from Arbitrary Light Fields[J]. Physical Review Letters, 2011, 107:093601-1-6.

[22] Gorshkov A V, Otterbach J, Fleischhauer M, et al. Photon-Photon Interactions via Rydberg Blockade[J]. Physical Review Letters, 2011, 107:133602-1-6.

[23] Gorniaczyk H, Tresp C, Schmidt J, et al. Single-Photon Transistor Mediated by Interstate Rydberg Interactions[J]. Physical Review Letters, 2014, 113:053601-1-6.

[24] Tiarks D, Baur S, Schneider K, et al. Single-Photon Transistor Using a Förster Resonance[J]. Physical Review Letters, 2014, 113:053602-1-16.

[25] Chen W, Beck K M, Bücker R, et al. All-Optical Switch and Transistor Gated by One Stored Photon[J]. Science, 2013, 341:768-770.

[26] Baur S, Tiarks D, Rempe G, et al. Single-Photon Switch Based on Rydberg Blockade[J]. Physical Review Letters, 2014, 112:073901-1-6.

[27] Friedler I, Kurizki G, Petrosyan D. Deterministic Quantum Logic with Photons via Optically Induced Photonic Band Gaps[J]. Physical Review A, 2005, 71:023803-1-8.

[28] Paredes-Barato D, Adams C S. All-Optical Quantum Information Processing Using Rydberg Gates[J]. Physical Review Letters, 2014, 112:040501-1-6.

[29] Scully M O, Zubairy M S. Quantum Optics[M]. Cambridge: Cambridge University Press, 1997.

[30] Lesanovsky I, Garrahan J P. Kinetic Constraints, Hierarchical Relaxation, and Onset of Glassiness in Strongly Interacting and Dissipative Rydberg Gases[J]. Physical Review Letters, 2013, 111:215305-1-6.

[31] Macieszczak K, Zhou Y L, Hofferberth S, et al. Metastable Decoherence-Free Subspaces and Electromagnetically Induced Transparency in Interacting Many-Body Systems[J]. Physical Review A, 2017, 96:043860-1-11.

[32] Letscher F, Thomas O, Niederprüm T, et al. Bistability Versus Metastability in Driven Dissipative Rydberg Gases[J]. Physical Review X, 2017, 7:021020-1-16.

[33] Ray S, Sinha S, Sengupta K. Phases, Collective Modes, and Nonequilibrium Dynamics of Dissipative Rydberg Atoms[J]. Physical Review A, 2016, 93:033627-1-10.

[34] Hoening M, Abdussalam W, Fleischhauer M, et al. Antiferromagnetic Long-Range Order in Dissipative Rydberg Lattices[J]. Physical Review A, 2014, 90:021603-1-5.

[35] Schönleber D W, Gärttner M, Evers J. Coherent Versus Incoherent Excitation Dynamics in

Dissipative Many-body Rydberg Systems[J]. Physical Review A, 2014, 89:033421-1-9.

[36] Young J T, Boulier T, Magnan E, et al. Dissipation-Induced Dipole Blockade and Antiblockade in Driven Rydberg Systems[J]. Physical Review A, 2018, 97:023424-1-16.

[37] Ficeka Z, Tanaŝ R. Entangled States and Collective Nonclassical Effects in Two-Atom Systems[J]. Physics Reports, 2002, 372:369-443.

[38] Venkatesh B P, Juan M L, Romero-Isart O. Cooperative Effects in Closely Packed Quantum Emitters with Collective Dephasing[J]. Physical Review Letters, 2018, 120:033602-1-6.

[39] Walker T G, Saffman M. Zeros of Rydberg-Rydberg Föster Interactions[J]. Journal of Physics B:Atomic, Molecular and Optical Physics, 2005, 38:S309-S319.

[40] Walker T G, Saffman M. Consequences of Zeeman Degeneracy for the Van Der Waals Blockade Between Rydberg Atoms[J]. Physical Review A, 2008, 77:032723-1-18.

[41] Nipper J, Balewski J B, Krupp A T, et al. Highly Resolved Measurements of Stark-Tuned Förster Resonances Between Rydberg Atoms[J]. Physical Review Letters, 2012, 108:113001-1-6.

[42] Ravets S, Labuhn H, Barredo D, et al. Coherent Dipole-Dipole Coupling Between Two Single Rydberg Atoms at an Electrically-Tuned Förster Resonance[J]. Nature Physics, 2014, 10:914-917.

[43] Browaeys A, Barredo D, Lahaye T. Experimental Investigations of Dipole-Dipole Interactions Between a Few Rydberg Atoms[J]. Journal of Physics B: Atomic, Molecular and Optical Physics, 2016, 49:152001-1-19.

[44] Paris-Mandoki A, Gorniaczyk H, Tresp C, et al. Tailoring Rydberg Interactions via Förster Resonances:State Combinations, Hopping and Angular Dependence[J]. Journal of Physics B:Atomic, Molecular and Optical Physics, 2016, 49:164001-1-16.

[45] Gorniaczyk H, Tresp C, Bienias P, et al. Enhancement of Rydberg-Mediated Single-Photon Nonlinearities by Electrically Tuned Förster Resonances[J]. Nature Communications, 2016, 7:12480-1-6.

[46] Tresp C, Bienias P, Weber S, et al. Dipolar Dephasing of Rydberg D-State Polaritons[J]. Physical Review Letters, 2015, 115:083602-1-6.

[47] Boddeda R, Usmani I, Bimbard E, et al. Rydberg-Induced Optical Nonlinearities from a Cold Atomic Ensemble Trapped Inside a Cavity[J]. Journal of Physics B: Atomic, Molecular and Optical Physics, 2016, 49:084005-1-7.

[48] Li W, Viscor D, Hofferberth S, et al. Electromagnetically Induced Transparency in an

Entangled Medium[J]. Physical Review Letters, 2014, 112:243601-1-6.

[49] Cano D, Fortagh J. Multiatom Entanglement in Cold Rydberg Mixtures[J]. Physical Review A, 2014, 89:043413-1-7.

[50] Liu Y M, Tian X D, Yan D, et al. Nonlinear Modifications of Photon Correlations via Controlled Single and Double Rydberg Blockade[J]. Physical Review A, 2015, 91:043802-1-7.

[51] Huang X R, Ding Z X, Hu C S, et al. Robust Rydberg Gate via Landau-Zener Control of Förster Resonance[J]. Physical Review A, 2018, 98:052324-1-8.

[52] Viscor D, Li W, Lesanovsky I. Electromagnetically Induced Transparency of a Single-Photon in Dipole-Coupled One-Dimensional Atomic Clouds[J]. New Journal of Physics, 2015, 17:033007-1-12.

[53] Petrosyan D, Otterbach J, Fleischhauer M. Electromagnetically Induced Transparency with Rydberg Atoms[J]. Physical Review Letters, 2011, 107:213601-1-5.

[54] Weatherill K J, Pritchard J D, Abel R P, et al. Electromagnetically Induced Transparency of an Interacting Cold Rydberg Ensemble[J]. Journal of Physics B: Atomic, Molecular and Optical Physics, 2008, 41:201002-1-5.

[55] Pritchard J D, Maxwell D, Gauguet A, et al. Cooperative Atom-Light Interaction in a Blockaded Rydberg Ensemble[J]. Physical Review Letters, 2010, 105:193603-1-4.

[56] Pritchard J D, Gauguet A, Weatherill K J, et al. Optical Non-Linearity in a Dynamical Rydberg Gas[J]. Journal of Physics B:Atomic, Molecular and Optical Physics, 2011, 44:184019-1-6.

[57] Reslen J. Many-Body Effects in a Model of Electromagnetically Induced Transparency[J]. Journal of Physics B:Atomic, Molecular and Optical Physics, 2011, 44:195505-1-7.

[58] Ates C, Sevinçli S, Pohl T. Electromagnetically Induced Transparency in Strongly Interacting Rydberg Gases[J]. Physical Review A, 2011, 83:041802(R)-1-4.

[59] Yan D, Liu Y M, Bao Q Q, et al. Electromagnetically Induced Transparency in an Inverted-Y System of Interacting Cold Atoms[J]. Physics Review A, 2012, 86:023828-1-5.

[60] Yan D, Cui C L, Liu Y M, et al. Normal and Abnormal Nonlinear Electromagnetically Induced Transparency Due to Dipole Blockade of Rydberg Exciation[J]. Physics Review A, 2013, 87:023827-1-6.

[61] Jen H H, Wang D W. Theory of Electromagnetically Induced Transparency in Strongly Correlated Quantum Gases[J]. Physical Review A, 2013, 87:061802-1-5.

[62] Gärttner M, Evers J. Nonlinear Absorption and Density-Dependent Dephasing in Rydberg Electromagnetically Induced-Transparency Media[J]. Physical Review A, 2013, 88:033417-1-9.

[63] Stanojevic J, Parigi V, Bimbard E, et al. Dispersive Optical Nonlinearities in a Rydberg Electromagnetically-Induced-Transparency Medium[J]. Physical Review A,2013, 88:053845-1-9.

[64] Liu Y M, Yan D, Tian X D, et al. Electromagnetically Induced Transparency with Cold Rydberg Atoms:Superatom Model Beyond the Weak-Probe Approximation[J]. Physical Review, A,2014, 89:033839-1-7.

[65] Liu Y M, Tian X D, Wang X, Yan D, et al. Cooperative Nonlinear Grating Sensitive to Light Intensity and Photon Correlation[J]. Optics Letters,2016, 41:408-411.

[66] Firstenberg O, Peyronel T, Liang Q Y, et al. Attractive Photons in a Quantum Nonlinear Medium[J]. Nature, 2013, 502:1-6.

第 8 章　里德堡电磁感应透明中的相位

8.1　引言

电磁感应透明本质上是原子相干现象，理论上具有零吸收、强色散的特点[1-2]，因此被广泛应用于操控原子介质的光学特性[3]。例如，实现显著的光群速度减慢[4-6]、高效率的光信息可逆存储[7-9]、单光子脉冲的量子通信[10-11]、全光电磁诱导的光栅[12]、光子晶体[13-14]、光开关和光路由[15-16]等，这些研究和应用在量子光学与量子信息领域有非常重要的作用和价值。

上述研究和应用涉及的原子系综均为独立原子系综，即忽略了原子之间的相互作用和耦合。目前，对电磁感应透明的研究已经扩展到强相互作用的超冷里德堡原子领域，产生了一批重要应用，如光子相位门[17]、高分辨率的光谱探测[18]、单光子水平的光学操控[19-20]和单光子元器件[21-25]等，表明了里德堡电磁感应透明技术在量子光学与量子信息领域的重要性。

一方面，里德堡原子间强烈的长程偶极—偶极相互作用会映射到 EIT 光谱上，产生依赖探测场强度与光子统计特性的合作光学非线性效应，具体表现在探测场透射率和光子关联的光学响应上[26-32]。另一方面，在涉及里德堡原子的电磁感应光栅中观察到相位的集体合作光学非线性效应，即探测场相位对入射探测场强度和光子关联有很高的敏感性[33]。但是在电磁感应透明研究中，鲜有涉及此类非线性效应的相位研究。特别地，在量子光学和量子信息领域，相位本身就扮演着非常重要的角色，具有不可或缺的地位[3]。

本章考虑典型的里德堡电磁感应模型，即在三能级 Λ 型原子系统中考察在强控制场相干作用下弱探测场在一维超冷原子介质中的稳态传播行为，重点研究探测场相位的非线性光学响应特征。通过与两种已知的合作光学非线性标识（探测场透射率和光子关联）进行对比研究，发现探测场相位也具有明显的依赖入射探测场强度和光子关联的非线性行为。但是与其他两种标识不同，在共振处观察不到相位的非线性特征，而最明显的相位非线性特征出现在经典光频率处。探测场相位的非线性特征研究是对存在相互作用的原子系统中的电磁感应透明研究的有力补充，能够推动单光子水平量子操控研究的发展，以及新现象、新技术的开发。

本章对系统模型进行介绍，进而给出描述系统演化的动力学方程；推导超级原子满足的条件极化率和探测场强度、二阶关联函数及探测场相位满足的传播方程，并进行数值模拟结果讨论与分析。

8.2　系统模型与动力学方程

量子探测场传播示意图、三能级 Λ 型原子系统结构与超级原子结构如图 8.1 所示。$|g\rangle$ 为基态，$|e\rangle$ 为中间激发态，$|r\rangle$ 为里德堡态。控制场（拉比频率为 Ω_{c}）相干驱动跃迁 $|e\rangle \leftrightarrow |r\rangle$，$\Delta_{\mathrm{c}} = \omega_{\mathrm{c}} - \omega_{\mathrm{re}}$ 为单光子耦合失谐。量子探测场（拉比频率为 $\hat{\Omega}_{\mathrm{p}} = \eta \hat{\varepsilon}_{\mathrm{p}}$）相干驱动跃迁 $|g\rangle \leftrightarrow |e\rangle$，其中 $\eta = \wp_{\mathrm{ge}} \sqrt{\omega_{\mathrm{p}} / (2\hbar \varepsilon_0 V)}$ 为耦合强度，$\Delta_{\mathrm{p}} = \omega_{\mathrm{p}} - \omega_{\mathrm{eg}}$ 为单光子探测失谐。当两个距离为 R 的原子同时被激发到里德堡态 $|r\rangle$ 时，它们之间的相互作用表示为 vdW 作用势 $V = \hbar C_6 / R^6$，其中 C_6 为 vdW 系数。系统的哈密顿量为

$$H = H_{\mathrm{a}} + H_{\mathrm{v}} \tag{8.1}$$

描述原子与光的相互作用的哈密顿量为

$$H_{\mathrm{a}} = -\hbar\sum_{i}^{N}\{[\varDelta_{\mathrm{p}}\hat{\sigma}_{\mathrm{ee}}^{(i)} + (\varDelta_{\mathrm{p}} + \varDelta_{\mathrm{c}})\hat{\sigma}_{\mathrm{rr}}^{(i)}] + [\hat{\varOmega}_{\mathrm{p}}\hat{\sigma}_{\mathrm{eg}}^{(i)} + \varOmega_{\mathrm{c}}\hat{\sigma}_{\mathrm{re}}^{(i)} + \mathrm{h.c.}]\} \tag{8.2}$$

描述原子间相互作用的哈密顿量为

$$H_{\mathrm{v}} = \hbar\sum_{i<j}^{N}\frac{C_6}{R_{ij}^6}\hat{\sigma}_{\mathrm{rr}}^{(i)}\hat{\sigma}_{\mathrm{rr}}^{(j)} \tag{8.3}$$

式中，当$m=n$时，$\hat{\sigma}_{mn}^{(i)} \equiv |m\rangle\langle n|$（$m,n=g,e,r$）表示第$i$个原子的投影算符；当$m \neq n$时，表示原子跃迁算符。

基于平均场近似，原子跃迁部分可以用算符的平均值描述：z处小体积元ΔV内所有原子跃迁算符$\hat{\sigma}_{mn}^{(i)}$的平均值为$\hat{\sigma}_{mn}(z)=\sum_{i}\hat{\sigma}_{mn}^{(i)}/\Delta V$。当量子探测场在一维原子介质中传播时，描述系统空间分布和时间演化的海森堡—郎之万方程为

$$\begin{cases}\partial_t\hat{\varepsilon}_{\mathrm{p}}(z) = -c\partial_z\hat{\varepsilon}_{\mathrm{p}}(z) + i\eta N\hat{\sigma}_{\mathrm{ge}}(z)\\ \partial_t\hat{\sigma}_{\mathrm{ge}}(z) = -(i\varDelta_{\mathrm{p}} + \gamma_{\mathrm{e}})\hat{\sigma}_{\mathrm{ge}}(z) - i\varOmega_{\mathrm{c}}\hat{\sigma}_{\mathrm{gr}}(z) - i\hat{\varOmega}_{\mathrm{p}}^{\dagger}\\ \partial_t\hat{\sigma}_{\mathrm{gr}}(z) = -[i(\varDelta_{\mathrm{p}} + \varDelta_{\mathrm{c}}) + i\hat{S}(z) + \gamma_{\mathrm{r}}]\hat{\sigma}_{\mathrm{gr}}(z) - i\varOmega_{\mathrm{c}}^{*}\hat{\sigma}_{\mathrm{ge}}(z)\end{cases} \tag{8.4}$$

式中，γ_{e}和γ_{r}分别为对应能级的相干弛豫速率，$\hat{S}(z)$为 vdW 相互作用引起的能级移动，这里转化为跃迁$|g\rangle \leftrightarrow |r\rangle$的双光子失谐。需要强调的是，式（8.4）考虑了以下两个条件：第一，大多数原子在基态布居；第二，探测场为弱场。因此，在传播过程中有$\hat{\sigma}_{\mathrm{gg}}(z) \approx 1$，$\hat{\sigma}_{\mathrm{ee}}(z) \approx \hat{\sigma}_{\mathrm{rr}}(z) \approx 0$，跃迁算符平均值$\hat{\sigma}_{\mathrm{er}}(z)$可以忽略不计。

对于图 8.1（b）中的三能级 Λ 型原子系统，其偶极阻塞半径$R_{\mathrm{b}} \approx [\gamma_{\mathrm{e}}C_6/\varOmega_{\mathrm{c}}^2)]^{1/6}$。基于偶极阻塞效应和弱探测场条件，用以下 3 个集体态：$|G_{\mathrm{n}}\rangle = |g\rangle^{\otimes n}$、$|E_1\rangle = \sum_{j}^{n_{\mathrm{SA}}}|g_1, g_2, \cdots, e_j, \cdots, g_{n_{\mathrm{SA}}}\rangle/\sqrt{n_{\mathrm{SA}}}$ 和 $|R_1\rangle = \sum_{j}^{n_{\mathrm{SA}}}|g_1, g_2, \cdots, r_j, \cdots, g_{n_{\mathrm{SA}}}\rangle/\sqrt{n_{\mathrm{SA}}}$ 足以描述超级原子的能级结构。需要强调的是，超级原子的能级结构与超级原子的形状无关，只取决于原子间的有效跃迁。在此基础上，定义超级原子的跃迁

算符 $\hat{\Sigma}_{\mathrm{GE}}=|G\rangle\langle E|$（$\hat{\Sigma}_{\mathrm{GR}}=|G\rangle\langle R|$）和投影算符 $\hat{\Sigma}_{\mathrm{RR}}=\hat{\Sigma}_{\mathrm{RG}}\hat{\Sigma}_{\mathrm{GR}}$。要获得超级原子满足的海森堡—郎之万方程，只需要将式（8.4）中的 $\hat{\sigma}_{\mathrm{ge}}$ 和 $\hat{\sigma}_{\mathrm{gr}}$ 用对应的超级原子算符替代，同时将 $\hat{\varepsilon}_{\mathrm{p}}$ 变为增强的 $\sqrt{n_{\mathrm{SA}}}\hat{\varepsilon}_{\mathrm{p}}$ 即可。

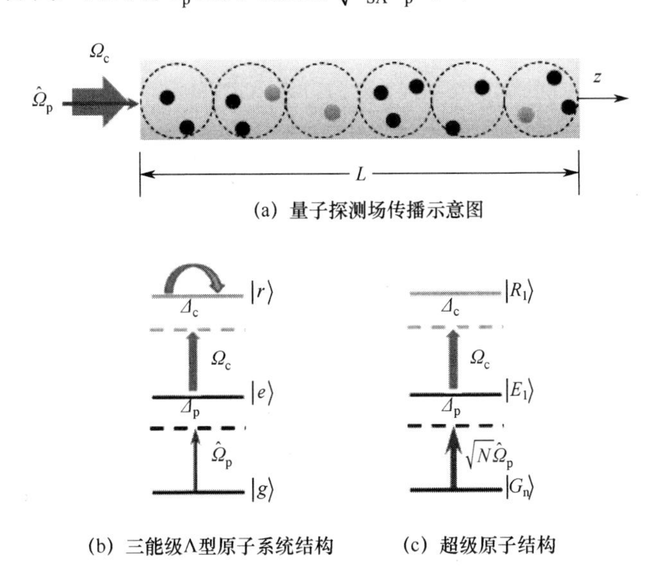

图 8.1　量子探测场传播示意图、三能级 Λ 型原子系统结构与超级原子结构

8.3　条件极化率与探测场传播方程

基于超级原子方法，$\langle\hat{S}(z)\rangle\to\infty$ 意味着 z 处的超级原子处于里德堡态 $|R_1\rangle$，这时 $|R_1\rangle$ 与 $|E_1\rangle$、$|G_n\rangle$ 不耦合，超级原子的行为与二能级原子系统类似；而 $\langle\hat{S}(z)\rangle\to 0$ 表示没有原子被激发到里德堡态 $|R_1\rangle$，这时超级原子的行为与三能级 Λ 型原子系统类似，条件极化率为

$$\hat{\alpha}(z)=\alpha_2\hat{\Sigma}_{\mathrm{RR}}(z)+\alpha_3[1-\hat{\Sigma}_{\mathrm{RR}}(z)] \tag{8.5}$$

二能级原子系统的极化率为

$$\alpha_2=\frac{-i\gamma_{\mathrm{e}}}{i\varDelta_{\mathrm{p}}+\gamma_{\mathrm{e}}} \tag{8.6}$$

三能级原子系统的极化率为

$$\alpha_3 = \frac{-i\gamma_{\rm e}}{i\varDelta_{\rm p} + \gamma_{\rm e} + \dfrac{|\varOmega_{\rm c}|^2}{i(\varDelta_{\rm p} + \varDelta_{\rm c}) + \gamma_{\rm r}}} \tag{8.7}$$

可以看出，系统的条件极化率 $\hat{\alpha}(z)$ 由超级原子布居主导：当 $\hat{\varSigma}_{\rm RR}(z)=1$ 时，$\langle\hat{\alpha}(z)\rangle=\alpha_2$；当 $\hat{\varSigma}_{\rm RR}(z)=0$ 时，$\langle\hat{\alpha}(z)\rangle=\alpha_3$。当满足 $|\varOmega_{\rm p}|^2=|\eta|^2\langle\hat{\varepsilon}_{\rm p}^\dagger(z)\hat{\varepsilon}_{\rm p}(z)\rangle\leqslant\gamma_{\rm e}^2/9$ 时，里德堡投影算符为

$$\hat{\varSigma}_{\rm RR}(z) = \frac{|\varOmega_{\rm c}|^2 n_{\rm SA}|\eta|^2\hat{\varepsilon}_{\rm p}^\dagger(z)\hat{\varepsilon}_{\rm p}(z)}{|\varOmega_{\rm c}|^2 n_{\rm SA}|\eta|^2\hat{\varepsilon}_{\rm p}^\dagger(z)\hat{\varepsilon}_{\rm p}(z)+X} \tag{8.8}$$

式中，$X=\left[|\varOmega_{\rm c}|^2-\varDelta_{\rm p}(\varDelta_{\rm p}+\varDelta_{\rm c})\right]^2+\gamma_{\rm e}^2(\varDelta_{\rm p}+\varDelta_{\rm c})^2$。

因为超冷原子介质具有各向异性，所以探测场的光学响应会随位置的变化而变化，稳态探测场强度 $I_{\rm p}(z)=\langle\hat{\varepsilon}_{\rm p}^\dagger(z)\hat{\varepsilon}_{\rm p}(z)\rangle$ 满足传播方程

$$\partial_z\langle\hat{\varepsilon}_{\rm p}^\dagger(z)\hat{\varepsilon}_{\rm p}(z)\rangle=-\kappa(z)\langle\hat{\varepsilon}_{\rm p}^\dagger(z)\,{\rm Im}[\hat{\alpha}(z)]\hat{\varepsilon}_{\rm p}(z)\rangle \tag{8.9}$$

式中，$\kappa(z)=\rho(z)\omega_{\rm p}|\wp_{\rm ge}^2|/(\hbar\varepsilon_0 c\gamma_{\rm e})$ 为共振吸收系数；$\rho(z)$ 为 z 处的原子密度。

在探测场传播过程中，其光子关联会发生变化。二阶关联函数 $g_{\rm p}^{(2)}(z)=\langle\hat{\varepsilon}_p^{\dagger 2}(z)\hat{\varepsilon}_{\rm p}^2(z)\rangle/\langle\hat{\varepsilon}_{\rm p}^\dagger(z)\hat{\varepsilon}_{\rm p}(z)\rangle^2$ 满足传播方程

$$\partial_z g_{\rm p}^{(2)}(z)=-\kappa(z)\langle\hat{\varSigma}_{\rm RR}(z)\rangle\,{\rm Im}(\alpha_2-\alpha_3)g_{\rm p}^{(2)}(z) \tag{8.10}$$

在此基础上，需要将式（8.5）、式（8.8）、式（8.9）、式（8.10）中涉及 $\langle\hat{\varepsilon}_{\rm p}^\dagger(z)\hat{\varepsilon}_{\rm p}(z)\rangle$ 的部分全部换成既考虑探测场强度又考虑二阶关联函数的形式 $\langle\hat{\varepsilon}_{\rm p}^\dagger(z)\hat{\varepsilon}_{\rm p}(z)\rangle g_{\rm p}^{(2)}(z)$。这样既能利用平均场理论减小求解多体问题的难度，又能最大限度地考虑探测场的量子关联性质。

探测场相位 $\phi_{\rm p}=\arg\langle\hat{\varepsilon}_{\rm p}(z)\rangle$ 也受超级原子激发的影响，因而具有条件属性，满足传播方程

$$\partial_z \phi_{\mathrm{p}}(z) = \kappa(z) \langle \mathrm{Re}[\hat{\alpha}(z)] \rangle / 2 \tag{8.11}$$

联立式（8.5）至式（8.11），同时给定初值，即 $I_{\mathrm{p}}(0)$、$g_{\mathrm{p}}^{(2)}(0)$ 和 $\phi_{\mathrm{p}}(0)$，利用统计手段求解：将长度为 L 的一维超冷原子介质平均分成 $L/(2R_{\mathrm{SA}})$ 段，这样做的目的是保证每段只包含一个超级原子，在每个超级原子中通过 Monte-Carlo 采样判断是 $\langle \hat{\Sigma}_{\mathrm{RR}}(z) \rangle \to 1$ 还是 $\langle \hat{\Sigma}_{\mathrm{RR}}(z) \rangle \to 0$。多次重复这样的过程并取平均值，能够获得量子探测场穿过一维超冷原子介质的稳态透射率、二阶关联函数及探测场相位。

8.4　数值模拟结果讨论与分析

考虑实验验证的可行性，这里采用实际的实验参数进行数值计算，然后进行理论分析。在超冷 ^{87}Rb 原子中，选取 $5S_{1/2}|F=2\rangle$、$5P_{3/2}|F=2\rangle$、$70S_{1/2}$ 分别对应图 8.1（b）中的基态 $|g\rangle$、中间激发态 $|e\rangle$ 和里德堡态 $|r\rangle$。弛豫速率 $\gamma_{\mathrm{e}} = 3\mathrm{MHz}$ 和 $\gamma_{\mathrm{r}} = 0.02\mathrm{MHz}$。原子密度 $\rho(z) = 1.5 \times 10^7 \mathrm{mm}^{-3}$，样品长度 $L = 1.5\mathrm{mm}$，$C_6 / 2\pi = 8.8 \times 10^{11} \mathrm{s}^{-1} \mu\mathrm{m}^6$。

共振条件下的探测场透射光谱如图 8.2 所示，其中，$\Delta_{\mathrm{c}} = 0\mathrm{MHz}$，$\Omega_{\mathrm{c}} / 2\pi = 2.5\mathrm{MHz}$。由图 8.2（a）和图 8.2（b）可知，当入射探测场拉比频率 $\Omega_{\mathrm{p}}(0)$ 很低时，在共振频率处，透射率 $I_{\mathrm{p}}(L)/I_{\mathrm{p}}(0) \approx 1$；在 AT 劈裂处（$\Delta_{\mathrm{p}} = \pm\Omega_{\mathrm{c}}$），$I_{\mathrm{p}}(L)/I_{\mathrm{p}}(0) \approx 0$，且透射光为经典光 $g_{\mathrm{p}}^{(2)}(L) = 1$，表现为典型的线性 EIT。随着入射探测场拉比频率的提高，表现出明显的合作光学非线性效应，具体表现为在共振频率处有明显的吸收现象，窗口由透明变为部分透明，对应的二阶关联函数也从 $g_{\mathrm{p}}^{(2)}(L) = 1$ 变为 $g_{\mathrm{p}}^{(2)}(L) < 1$。特别地，AT 劈裂处变为 $g_{\mathrm{p}}^{(2)}(L) > 1$。进一步提高入射探测场拉比频率，非线性效应更明显，说明在饱和之前，合作光学非线性效应是强烈依赖入射探测场强度的。从图 8.2（c）中可以看出，探测场相位也表现出明显依赖入射探测场拉比频率的非线性特性，但是又与探测场透射率和二阶关联函数有明显差异。具体来说，在共振频率处，$\phi_p(L)=0\text{rad}$；在 AT 劈裂处，探测场相位对入射探测场拉比频率不敏感。在介于二者之间的区域才表现出非线性特性，特别是在 $\varDelta_p \approx 1.4\text{MHz}$（$\varDelta_p \approx -1.4\text{MHz}$）处出现极大值（极小值）且表现出对入射探测场拉比频率有较高的敏感性：随着入射探测场拉比频率的提高，极大值变小且极小值变大。需要强调的是，$\varDelta_p \approx \pm 1.4\text{MHz}$ 对应经典光（$g_p^{(2)}(L)=1$）。与其他两种标识一样，相位的非线性特征也源于条件极化率。当探测场很弱时，根本不存在里德堡激发，表现为三能级透明结构的相位；而当探测场足够强时，表现为二能级吸收型原子的相位。

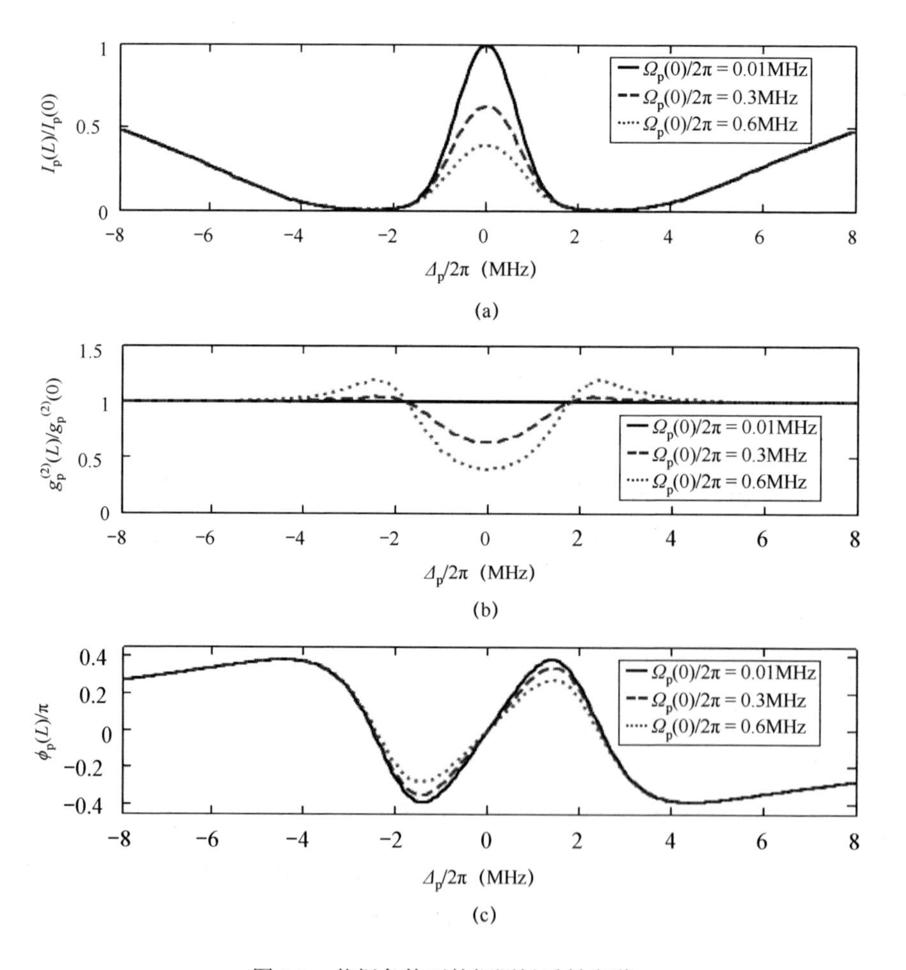

图 8.2　共振条件下的探测场透射光谱

失谐与入射探测场强度参数空间中的探测场透射光谱如图 8.3 所示，图 8.3 主要考察探测场相位与其他两种标识对入射探测场强度依赖的一致性。为了尽量保证弱探测场条件，这里的探测场拉比频率满足 $\Omega_{\mathrm{p}}(0)/2\pi\in[0.01,0.75]\mathrm{MHz}$ 。显然，相位分布关于共振点所在的对称轴呈现完美的反对称特征。除了在共振频率处（$\Delta_{\mathrm{p}}/2\pi=0\,\mathrm{MHz}$）、AT 劈裂处（$\Delta_{\mathrm{p}}=\pm\Omega_{\mathrm{c}}$）和单光子大失谐处（$|\Delta_{\mathrm{p}}|/2\pi\gg 3\mathrm{MHz}$），在其他地方都可以看出相位明显依赖探测场强度，特别是在 $\Delta_{\mathrm{p}}\approx\pm1.4\mathrm{MHz}$ 处。此时，相位的极值始终对应经典光 $g_{\mathrm{p}}^{(2)}(L)=1$ ，即使改变探测场强度，它也不会发生变化，原因在于，在条件极化率中，不存在失谐与探测场强度的依赖关系，这可以从式（8.5）至式（8.8）中看出。

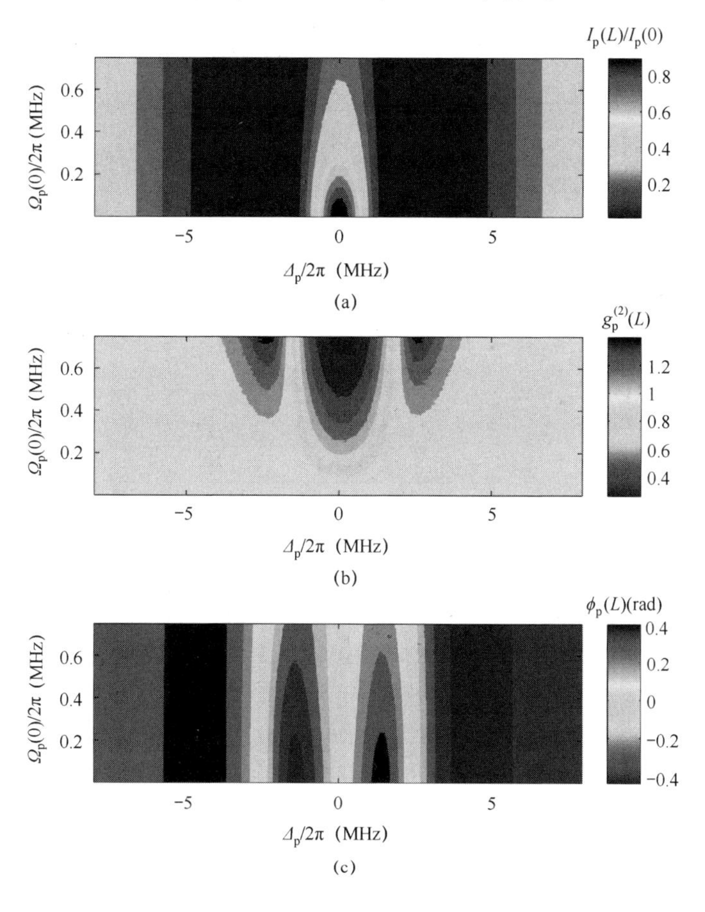

图 8.3　失谐与入射探测场强度参数空间中的探测场透射光谱

文献[30]表明，合作光学非线性除了表现在对探测场强度的依赖方面，还表现在对初始光子关联的敏感性方面。失谐与二阶关联函数初值参数空间中的探测场透射光谱如图 8.4 所示，其中，入射探测场拉比频率 $\Omega_{\mathrm{p}}(0)/2\pi = 0.3\mathrm{MHz}$。图 8.4 在易于产生非线性效应（入射探测场强度较高）的前提下给出探测场透射光谱与失谐和二阶关联函数初值的关系。与图 8.3 类似，图 8.4 中的相位也呈现反对称特征，敏感区域在共振频率处和 AT 劈裂处之间。在 $\Delta_{\mathrm{p}} \approx \pm 1.4\mathrm{MHz}$ 处出现极值，当二阶关联函数初值变化较小时，相位变化不明显，但是仍然可以看出对二阶关联函数初值的依赖性。

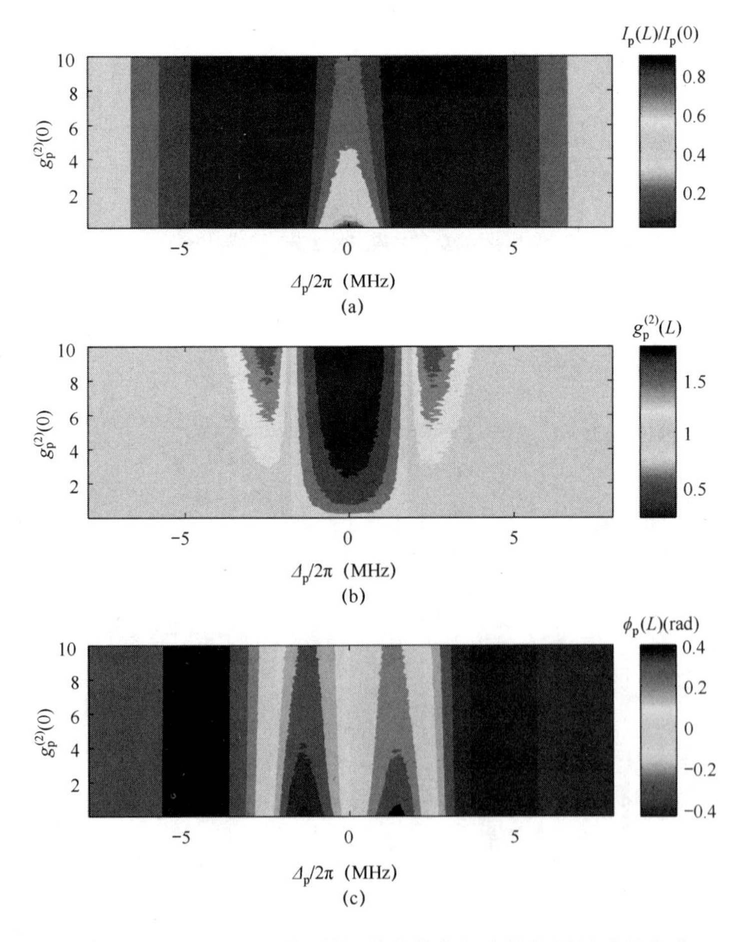

图 8.4　失谐与二阶关联函数初值参数空间中的探测场透射光谱

在 $\Delta_{\mathrm{p}} \approx \pm 1.4\mathrm{MHz}$ 处，考察探测场相位对初始光子关联和入射探测场强度的敏感性，如图 8.5 所示。由前面的研究可知，$\Delta_{\mathrm{p}} \approx \pm 1.4\mathrm{MHz}$ 处对应的是相位的极值，当出现非线性效应时，相位的绝对值会变小。由图 8.5 还可以推测出：探测场相位的非线性效应会在入射探测场强度和初始光子关联较大的情况下达到饱和。

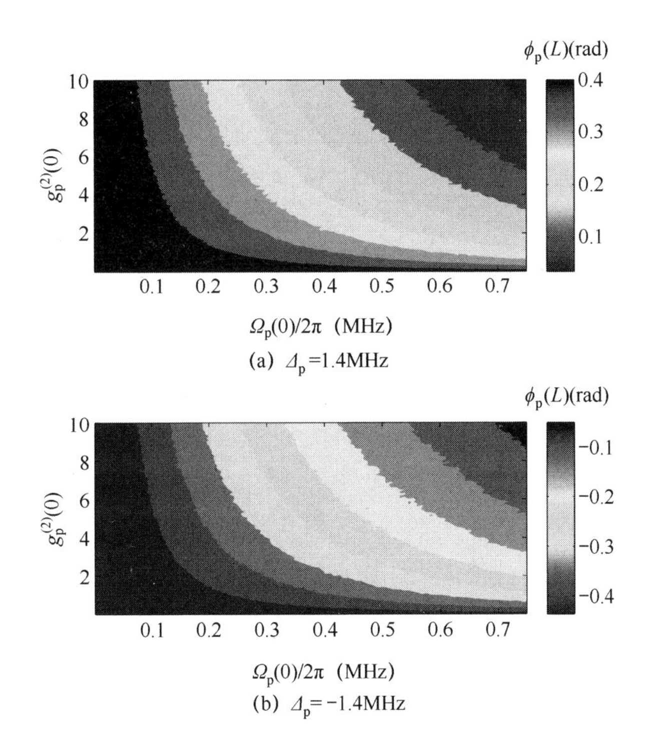

图 8.5　探测场相位对初始光子关联和入射探测场强度的敏感性

最后考察主量子数和原子密度对探测场相位的影响。由文献[34]可知，vdW 系数 $C_6 \approx n^{11}(c_0 + c_1 n + c_2 n^2)$，其中，$n$ 为主量子数，$c_0 = 11.97$，$c_1 = -0.8486$，$c_2 = 0.003385$。

探测场相位与主量子数 n 和原子密度 ρ 的关系曲线如图 8.6 所示，其中，$\Omega_{\mathrm{p}}(0)/2\pi = 0.3\mathrm{MHz}$，$g_{\mathrm{p}}^{(2)}(0) = 1$。

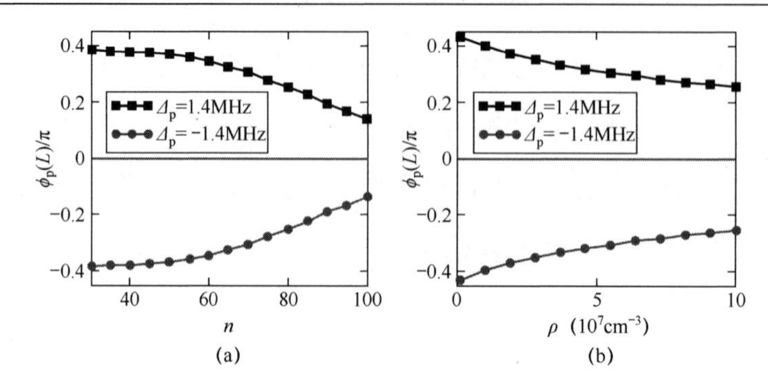

图 8.6 探测场相位与主量子数和原子密度的关系曲线

从图 8.6 中可以看出，在共振频率处，相位一直为零，不受主量子数和原子密度变化的影响；而 $\Delta_p \approx \pm 1.4$MHz 处的相位随主量子数和原子密度的增大而变小，非线性效应明显。原因在于，每个超级原子内包含的原子数增大了。

8.5 结论

本章讨论了三能级 Λ 型原子气体的透射光学响应，重点研究电磁感应透明条件下的探测场相位性质。结果表明，除了探测场透射率和光子关联，探测场相位也具有典型的非线性特征，成为合作光学非线性的第 3 个标识。通过对比研究，发现相位非线性具有独特之处：在共振频率处和 AT 劈裂处不存在非线性现象，而在经典光的失谐处，非线性效应较强。通过改变主量子数和原子密度，发现随着主量子数和原子密度的增大，相位的非线性效应增强。

参 考 文 献

[1] Harris S E, Field J E, Imamoglu A. Nonlinear Optical Processes Using Electromagnetically Induced Transparency[J]. Physical Review Letters, 1990, 64:1107-1110.

[2] Harris S E. Electromagnetically Induced Transparency[J]. Physics Today, 1997, 50:36-42.

[3] Fleichhauer M, Imamoglu A, Marangos J P. Electromagnetically Induced Transparency:

Optics in Coherent Media[J]. Reviews of Modern Physics, 2005, 77:633-673.

[4] Kasapi A, Jain M, Yin G Y, et al. Electromagnetically Induced Transparency: Propagation Dynamics[J]. Physical Review Letters, 1995, 74:2447-2450.

[5] Hau L V, Harris S E, Dutton Z, et al. Light Speed Reduction to 17 Metres Per Second in an Ultracold Atomic Gas[J]. Nature, 1999, 397:594-598.

[6] Kash M M, Sautenkov V A, Zibrov A S, et al. Ultraslow Group Velocity and Enhanced Nonlinear Optical Effects in a Coherently Driven Hot Atomic Gas[J]. Physical Review Letters, 1999, 82:5229-5232.

[7] Lukin M D. Colloquium: Trapping and Manipulating Photon States in Atomic Ensembles[J]. Reviews of Modern Physics, 2003, 75:457-472.

[8] Fleichhauer M, Lukin M D. Dark-State Polaritons in Electromagnetically Induced Transparency[J]. Physical Review Letters, 2000, 84:5094-1-5.

[9] Simon C, Afzelius M, Appel J, et al. Quantum Memories: A Review Based on the European Integrated Project[J]. European Physical Journal D, 2010, 58:1-1-22.

[10] Eisaman M D, Andre A, Massou M, et al. Electromagnetically Induced Transparency with Tunable Single-Photon Pulses[J]. Nature, 2005, 438:837-841.

[11] Chanelière T, Matsukevich D N, Jenkins S D, et al. Storage and Retrieval of Single Photons Transmitted Between Remote Quantum Memories[J]. Nature, 2005, 438:833-836.

[12] De Araujo L E E. Electromagnetically Induced Phase Grating[J]. Optics Letters, 2010, 35:977-979.

[13] Artoni M, Lanbsprocca G C. Optically Tunable Photonic Stop Bands in Homogeneous Absorbing Media[J]. Physical Review Letters, 2006, 96:073905-1-4.

[14] He Q Y, Xue Y, Artoni M, et al. Coherently Induced Stop-Bands in Resonantly Absorbing and Inhomogeneously Broadened Doped Crystals[J]. Physical Review B, 2006, 73:195124-1-7.

[15] Schmidt H, Ram R J. All-Optical Wavelength Converter and Switch Based on Electromagnetically Induced Transparency[J]. Applied Physics Letters, 2000, 76:3173-3175.

[16] Wu J H, Larocca G C, Artoni M. Controlled Light-Pulse Propagation in Driven Color Centers in Diamond[J]. Physical Review B, 2008, 77:113106-1-4.

[17] Friedler I, Petrosyan D, Fleischhauer M, et al. Long-Range Interactions and Entanglement of Slow Single-Photon Pulses[J]. Physical Review A, 2005, 72(4):043803-1-4.

[18] Weatherill K J, Pritchard J D, Abel R P, et al. Electromagnetically Induced Transparency of an

Interacting Cold Rydberg Ensemble[J]. Journal of Physics B: Atomic, Molecular and Optical Physics, 2008, 41:201002-1-5.

[19] Walker T G. Quantum Optics: Strongly Interacting Photons[J]. Nature, 2012, 488:39-40.

[20] Müller M M, Kölle A, Löw R, et al. Room-Temperature Rydberg Single-Photon Source[J]. Physical Review A, 2013, 87:053412-1-12.

[21] Peyronel T, Firstenberg O, Liang Q Y, et al. Quantum Nonlinear Optics[J]. Nature, 2012, 488:57-60.

[22] Gorniaczyk H, Tresp C, Schmidt J, et al. Single-Photon Transistor Mediated by Interstate Rydberg Interactions[J]. Physical Reivew Letters, 2014, 113:053601-1-6.

[23] Chen W, Beck K M, Bücker R, et al. All-Optical Switch and Transistor Gated by One Stored Photon[J]. Science, 2013, 341:768-770.

[24] Baur S, Tiarks D, Rempe G, et al. Single-Photon Switch Based on Rydberg Blockade[J]. Physical Review Letters, 2014, 112:073901-1-6.

[25] Paredes-Barato D, Adams C S. All-Optical Quantum Information Processing Using Rydberg Gates[J]. Physical Review Letters, 2014, 112:040501-1-6.

[26] Pritchard J D, Maxwell D, Gauguet A, et al. Cooperative Atom-Light Interaction in a Blockaded Rydberg Ensemble[J]. Physical Review Letters, 2010, 105:193603-1-4.

[27] Sevinçli S, Henkel N, Ates C, et al. Nonlocal Nonlinear Optics in Cold Rydberg Gases[J]. Physical Review Letters, 2011, 107:153001-1-5.

[28] Petrosyan D, Otterbach J, Fleischhauer M. Electromagnetically Induced Transparency with Rydberg Atoms[J]. Physical Review Letters, 2011, 107:213601-1-5.

[29] Yan D, Liu Y M, Bao Q Q, et al. Electromagnetically Induced Transparency in an Inverted-Y System of Interacting Cold Atoms[J]. Physics Review A, 2012, 86:023828-1-5.

[30] Yan D, Cui C L, Liu Y M, et al. Normal and Abnormal Nonlinear Electromagnetically Induced Transparency Due to Dipole Blockade of Rydberg Exciation[J]. Physics Review A, 2013, 87:023827-1-6.

[31] Liu Y M, Yan D, Tian X D, et al. Electromagnetically Induced Transparency with Cold Rydberg Atoms: Superatom Model Beyond the Weak-Probe Approximation[J]. Physical Review A, 2014, 89:033839-1-7.

[32] Liu Y M, Tian X D, Yan D, et al. Nonlinear Modifications of Photon Correlations via Controlled Single and Double Rydberg Blockade[J]. Physical Review A, 2015, 91:043802-1-7.

[33] Liu Y M, Tian X D, Wang X, Yan D, et al. Cooperative Nonlinear Grating Sensitive to Light Intensity and Photon Correlation[J]. Optics Letters, 2016, 41:408-411.

[34] Singer K, Stanojevic J, Weidemüller M, et al. Long Range Interactions Between Alkali Rydberg Atom Pairs Correlated to the ns-ns, np-np and nd-nd Asymptotes[J]. Journal of Physics B: Atomic Molecular Physics, 2005, 38:S295-S307.

第 9 章　两体里德堡原子系统的量子纠缠和稳态激发

9.1　引言

里德堡原子的寿命长、半径大、电偶极矩大，具有其他中性原子没有的特性[1]。近年来，随着激光冷却和捕获技术的进步，里德堡原子的物理内涵得到了丰富和发展。里德堡原子之所以引起了广泛关注，是因为它具有与独立原子不同的相干激发特性，表现为由偶极—偶极相互作用引起的偶极阻塞效应[2]和偶极反阻塞效应[3]。目前，基于这两种激发特性的理论和应用研究成为热点。在不同的研究领域（如超冷等离子体[4]、多体物理[5]、微弱信号检测[6]、量子信息处理和量子计算[7]等）表现出强劲的发展势头和独特优势。

研究表明，里德堡原子是实现可靠单光子源和单光子器件的最佳候选，这对于单光子态编码的现代量子保密通信来说尤为重要。另外，利用里德堡原子间相互作用强度变化范围大的特点，可以灵活调节作用强度，进而实现具有高保真度的量子逻辑门操作。目前，只利用里德堡原子成功完成了中性双原子量子逻辑门的实验验证。利用里德堡原子系统还可以制备高品质的量子纠缠，而量子纠缠是量子信息中的重要物理资源。将纠缠作为量子信道能够在各节点间处理和传递量子态信息，从而完成真正的量子通信[8]，因此，在系统各节点间建立高品质的量子纠缠非常必要。

本章在相干激发的少体里德堡原子系统中系统研究里德堡激发和量子纠缠

稳态特性，考察偶极阻塞效应和偶极反阻塞效应下的纠缠行为，并进一步探究其他参数的影响。

9.2　相干驱动的里德堡原子系统动力学方程和稳态解

二能级原子系统如图 9.1 所示，$|g\rangle$ 为基态，$|r\rangle$ 为里德堡态。频率为 ω、拉比频率 Ω 的激光相干激发二能级原子，单光子失谐为 Δ。原子间为偶极—偶极相互作用，作用强度为 V_{ij}。

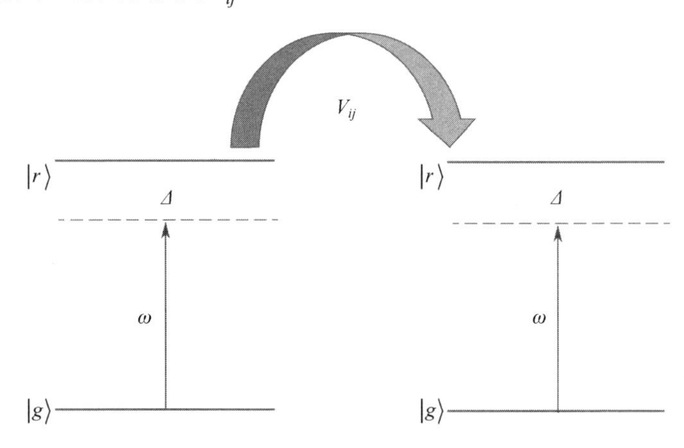

图 9.1　二能级原子系统

如果原子被激发到里德堡态，则两个原子间存在强烈的偶极—偶极相互作用 V_{ij}。设系统中有 N 个原子，则在光场驱动下，系统的哈密顿量为

$$H = H_{\mathrm{A}} + H_{\mathrm{V}} \tag{9.1}$$

H_{A} 为描述原子与光的相互作用的哈密顿量，$H_{\mathrm{A}} = -\hbar\sum_{i}^{N}\Omega_i|r\rangle_i\langle g| + \Omega_i^*|g\rangle_i\langle r| + \Delta_i|r\rangle_i\langle r|$，其中 Ω_i 为光场的拉比频率，Δ_i 为单光子失谐。H_{V} 为描述原子间相互作用的哈密顿量，$H_{\mathrm{V}} = \hbar\sum_{i<j}^{N}V_{ij}|rr\rangle_{ij}\langle rr|$。系统的动力学过程用由密度算符 ρ 构成的主方程描述，即

$$\partial_t \rho = -\frac{i}{\hbar}[H,\rho] + L(\rho) \tag{9.2}$$

式中，$[H,\rho]$ 刻画相干特征，$[H,\rho] = H\rho - \rho H$，Lindblad 算符 $L(\rho)$ 表示由原子弛豫引起的非相干特征，$L(\rho) = \gamma \sum_j^N \left(c_j \rho c_j^\dagger - \frac{1}{2}\{c_j^\dagger c_j, \rho\} \right)$，其中，$\{c_j^\dagger c_j, \rho\} = c_j^\dagger c_j \rho + \rho c_j^\dagger c_j$，$c_j = |r\rangle_i \langle g|$，$c_j^\dagger = |g\rangle_i \langle r|$。

通过求解主方程和分析密度算符特征，可以研究原子激发的相干行为及光场关联性质。如果只考虑两个原子并令主方程左边为零，可以得到双原子系统密度算符的稳态解

$$\rho = \frac{1}{K}\begin{pmatrix} 4\Omega^4 + (2\Omega^2 + |\beta|^2)|\alpha|^2 & 2\Omega^3\alpha^* - \Omega|\alpha|^2\beta^* & -2\Omega^3\alpha^* - \Omega|\alpha|^2\beta^* & 2\Omega^2\alpha^*\beta^* \\ -2\Omega^3\alpha - \Omega|\alpha|^2\beta & 4\Omega^4 + \Omega^2|\alpha|^2 & \Omega^2|\alpha|^2 & -2\Omega^3\alpha^* \\ -2\Omega^3\alpha - \Omega|\alpha|^2\beta & \Omega^2|\alpha|^2 & 4\Omega^4 + \Omega^2|\alpha|^2 & -2\Omega^3\alpha^* \\ 2\Omega^2\alpha\beta & -2\Omega^3\alpha & -2\Omega^3\alpha & 4\Omega^4 \end{pmatrix} \tag{9.3}$$

式中，$\alpha = (2\Delta - V) - 2i\gamma$；$\beta = \Delta - i\gamma$；$K = 16\Omega^4 + (4\Omega^2 + |\beta|^2)|\alpha|^2$。在此基础上，利用部分迹方法可以得到描述单原子状态的密度矩阵

$$\rho^{(1)} = \mathrm{Tr}_2(\rho) = \frac{1}{K}\begin{pmatrix} 8\Omega^4 + (3\Omega^2 + |\beta|^2)|\alpha|^2 & -4\Omega^3\alpha^* - \Omega|\alpha|^2\beta^* \\ -4\Omega^3\alpha - \Omega|\alpha|^2\beta & 8\Omega^4 + \Omega^2|\alpha|^2 \end{pmatrix} \tag{9.4}$$

考虑到两体系统的对称性，有 $\rho^{(1)} = \rho^{(2)}$。这样一方面可以研究偶极作用对里德堡激发的影响；另一方面可以研究偶极作用引起的稳态量子关联和纠缠行为。需要指出的是，当原子数增加到 3 个时，我们不能得到解析解，只能通过数值计算来求解。

9.3 量子纠缠及其对纠缠的度量

原子间的偶极作用是产生量子纠缠的主要原因，这里采用并发纠缠（Concurrence）来量度两个原子之间的量子纠缠行为。需要指出的是，并发纠缠

的定义对于两个二能级原子之间的纠缠度量是充分必要的。并发纠缠的定义为[9]

$$C = \max(0, \lambda_1 - \lambda_2 - \lambda_3 - \lambda_4) \tag{9.5}$$

式中，λ_i（$i = 1,2,3,4$）是 $\rho(\sigma_{1y} \otimes \sigma_{1y})\rho^*(\sigma_{1y} \otimes \sigma_{1y})$ 本征值的平方根，它们按降序排列，ρ 是双原子的密度算符，泡利矩阵为

$$\boldsymbol{\sigma}_y = \begin{pmatrix} 0 & -i \\ i & 0 \end{pmatrix} \tag{9.6}$$

将稳态的双原子算符代入式（9.5），可以得到

$$C = \max\left\{0, \frac{\sqrt{2}\Omega^2 \lambda_{\mathrm{d}} - 8\Omega^4}{K}\right\} \tag{9.7}$$

式中

$$\lambda_{\mathrm{d}} = \begin{cases} \lambda_+, & V > 0 \\ \lambda_-, & V < 0 \end{cases} \tag{9.8}$$

式中，$\lambda_{\pm} = \sqrt{8\Omega^4 + V^2|\alpha|^2 \pm V|\alpha|\sqrt{16\Omega^4 + V^2|\alpha|^2}}$。根据这样的解析结果，我们可以度量两个原子之间的纠缠。并发纠缠满足 $0 \leqslant C \leqslant 1$。$C = 1$ 表示两个原子处于最大纠缠态；$C = 0$ 表明两个原子的量子态是可分离的，没有纠缠。

9.4　数值模拟结果讨论与分析

如果没有里德堡原子的有效激发和原子间的相互作用，则系统中不存在量子纠缠，特别地，偶极阻塞效应和偶极反阻塞效应决定着量子纠缠的类型[10]。

里德堡激发概率如图 9.2 所示，竖线和斜线分别表示偶极阻塞区域和偶极反阻塞区域。图 9.2（a）表示单原子激发概率 ρ_{rr}；图 9.2（b）表示双原子激发概率 $\rho_{\mathrm{rr,rr}}$。

对比图 9.2（a）和图 9.2（b）可以看出，当光场与原子跃迁共振

（$\Delta/\gamma=0$，竖线）时，只有一个原子被激发到里德堡态，而双原子激发概率为零，这就是偶极阻塞效应。当偶极作用强度增大时，单原子激发概率会减小，这意味着偶极作用在这里相当于单光子失谐，直接结果是降低光场与原子的耦合强度。当满足$V=2\Delta$时，存在偶极反阻塞效应。意味着偶极作用引起的有限能级移动被单光子失谐补偿，此时可能有两个原子被激发到里德堡态。

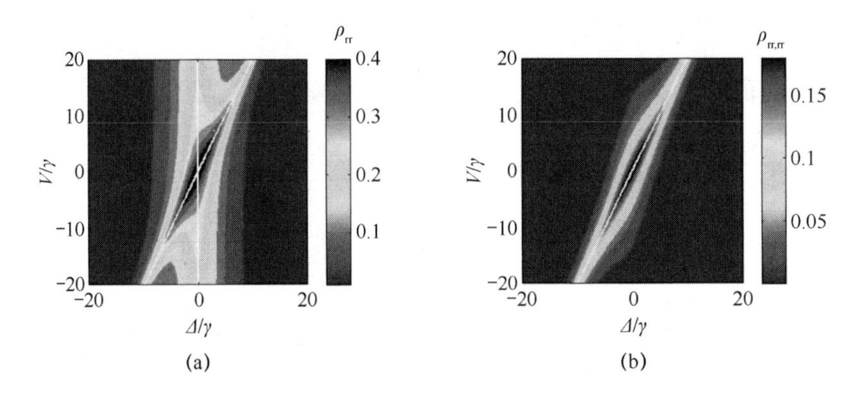

图 9.2　里德堡激发概率

在这两种里德堡激发机制下进一步研究纠缠的特性，同时考察光场强度的影响，深入探究其物理本质。

并发纠缠曲线如图 9.3 所示。图 9.3（a）和图 9.3（b）分别为偶极阻塞机制和偶极反阻塞机制下的并发纠缠曲线。在偶极阻塞机制下，可以看出偶极作用对纠缠的产生至关重要，很低的作用强度就会使两个原子纠缠起来。当偶极作用达到一定的强度时，会出现饱和，即纠缠不再随强度的提高而增大，这时系统存在严格的偶极阻塞机制，系统状态逐渐接近$\left(|gr\rangle+|rg\rangle\right)/\sqrt{2}$。从图 9.3 中可以看出，光场强度过高会在一定的条件下适度破坏偶极阻塞机制，因此对于强度较高的光场，明显的偶极阻塞现象应该发生在较强的偶极作用下；而当$V=2\Delta$时，系统存在偶极反阻塞机制。在光场强度较低的情况下，偶极作用增强导致失谐不能完全补偿能级移动带来的阻塞作用，因此会发生一定概率的双

原子激发，原子间有一定的纠缠。当偶极作用继续增强时，可以预见这种补偿变得越来越合理，系统状态接近$|rr\rangle$。光场强度逐渐提高，有限强度的偶极作用将单光子失谐补偿得比较完美，因此有较大的双原子激发概率，系统存在完美的偶极反阻塞机制。可以看出，量子纠缠行为与里德堡原子的激发密切相关，因此可以通过控制系统的单光子失谐、光场强度及原子间的相互作用来控制里德堡原子的激发，进而实现对量子纠缠的相干操控。

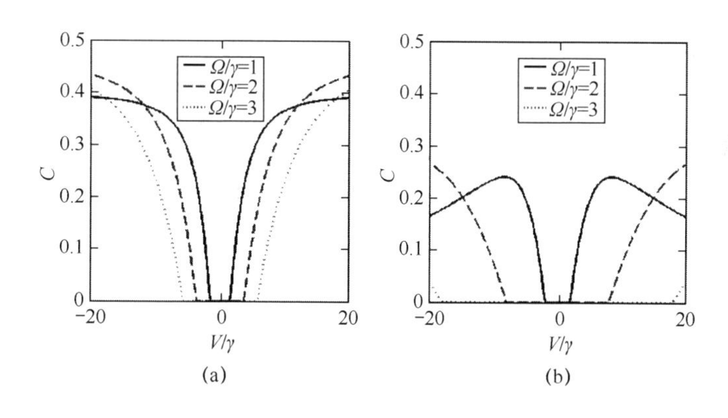

图 9.3　并发纠缠曲线

9.5　结论

本章研究了两体里德堡原子系统的里德堡激发和量子纠缠特性，发现里德堡原子的激发行为决定着系统的量子纠缠特性。特别地，本章在偶极阻塞机制和偶极反阻塞机制下考察系统参数的影响，进而实现对量子纠缠的相干操控。

参考文献

[1] Gallagher T F. Rydberg Atoms[M]. Cambridge: Cambridge University Press, 1994.

[2] Tong D, Farooqi S M, Stanojevic J, et al. Local Blockade of Rydberg Excitation in an Ultracold Gas[J]. Physical Review Letters, 2004, 93:063001-1-4.

[3] Ates C, Pohl T, Pattard T, et al. Antiblockade in Rydberg Excitation of an Ultracold Lattice Gas[J]. Physical Review Letters, 2007, 98:023002-1-4.

[4] Bannasch C, Killian T C, T. Pohl, Strongly Coupled Plasmas via Rydberg Blockade of Cold Atoms[J]. Physical Review Letters, 2011, 110:253003-1-4.

[5] Weimer H, Müller M, Lesanovsky I, et al. A Rydberg Quantum Simulator[J]. Nature Physics, 2010, 6:382-388.

[6] 李安玲, 张临杰, 冯志刚, 等. 超冷里德堡原子的产生以及探测[J]. 光谱实验室, 2007(6): 1166-1170.

[7] Saffman M, Walker T, Mølmer K. Quantum Information with Rydberg Atoms[J]. Reviews of Modern Physics, 2010, 82(3):2313-2363.

[8] Bennett C H, Brassard G, Crépeau C, et al. Teleporting an Unknown Quantum State via Dual Classical and Einstein-Podolsky-Rosen Channels[J]. Physical Review Letters, 1993, 70:1895-1899.

[9] 严冬, 宋立军. 周期脉冲撞击的两分量 Bose-Einstein 凝聚系统的单粒子相干和对纠缠[J]. 物理学报, 2010(10):6832-6836.

[10] Yan D, Cui C, Zhang M, et al. Coherent Population Transfer and Quantum Entanglement Generation Involving a Rydberg State by Stimulated Raman Adiabatic Passage[J]. Physical Review A, 2011, 84: 043405-2-7.

第 10 章　稀薄里德堡原子气体中的两体纠缠

10.1　引言

随着激光冷却和原子捕获技术的进步，20 世纪末期引起广泛关注的里德堡原子研究复苏，目前已经在实验和理论研究中取得了很大进步。里德堡原子的半径和电偶极矩大、寿命长，具有其他中性原子没有的特性[1]。里德堡原子对外界电磁场十分敏感，利用该特点很容易实现对里德堡原子的操控。原子间的长程偶极—偶极相互作用使得里德堡原子成为量子信息应用中重要的物理资源。特别是偶极—偶极相互作用引起的偶极阻塞效应，在量子信息处理中有极其重要的作用[2-6]。偶极阻塞效应指偶极—偶极相互作用引起里德堡激发的能级移动，使一定空间内其他原子的共振光学跃迁被抑制的现象。利用这种效应，一方面可以引起光子间的强关联效应，可以利用它产生可靠的单光子源[7-8]和设计单光子器件[9-10]，这些应用在现代量子信息处理中十分重要；另一方面可以制备量子纠缠态，量子纠缠在量子信息和量子物理领域有核心地位。

本章研究一种特定的少体里德堡原子系统，系统中有 4 个二能级原子，呈正四面体排布，最高能级为里德堡态。因为任意两个原子间的距离相等，所以它们之间的偶极—偶极相互作用也相等。研究这种简单且不失一般性的里德堡原子系统，既可以抛开近似手段，进行精确的数值计算，又可以在实验室中利用超冷原子气体进行验证。本章主要讨论四原子系统的原子激发与两体纠缠的关系，不但考虑光场与原子跃迁共振的偶极阻塞机制，还把不同失谐条件下的偶极反阻塞机制的性质作为研究重点，对比研究稳态、瞬态高阶激发和并发纠缠的关系，分析得到实现较大纠缠的参数条件和可能的原子纠缠态。

本章构建理论模型，给出四原子系统的哈密顿量与动力学演化方程，以及刻画相干激发和两体纠缠的度量：里德堡激发概率和并发纠缠，并进行数值模拟结果讨论与分析。

10.2 系统哈密顿量与动力学演化方程

在实验室中，可以用超冷 ^{87}Rb 原子气体实现稀薄里德堡原子系统。原子密度为 10^9～10^{10}cm^{-3}，这时原子间的平均距离可达微米级[11]。因此，考虑长程偶极—偶极相互作用，完全可以用少体里德堡原子系统来描述。采用四原子系统，四原子系统和二能级原子结构如图 10.1 所示。系统中任意两个原子间的距离相等，原子为简单的二能级结构，可以通过在大失谐条件下绝热消除中间能级来实现双光子或三光子跃迁，从而获得有效的二能级原子[11-14]。在图 10.1（b）中，$|g\rangle$ 为基态，$|r\rangle$ 为里德堡态。当两个原子同时被激发到里德堡态时，原子间存在偶极—偶极相互作用 V 。在激光光场的相干驱动下，系统的哈密顿量为

$$H = -\hbar\sum_{i<j}^{4} \Omega_i\sigma_{\rm rg}^{(i)} + \Omega_i^*\sigma_{\rm gr}^{(i)} + \Delta_i\sigma_{\rm rr}^{(i)} - V\sigma_{\rm rr}^{(i)}\sigma_{\rm rr}^{(i)} \tag{10.1}$$

式中，$\hbar$ 为普朗克常数；Ω_i 为拉比频率；$\Delta_i = \omega_{\rm i} - \omega_{\rm gr}$ 为单光子失谐；$\sigma_{\rm gr}^{(i)} = |g\rangle_i\langle r|$ 和 $\sigma_{\rm rg}^{(i)} = |r\rangle_i\langle g|$ 为跃迁算符，$\sigma_{\rm rr}^{(i)} = |r\rangle_i\langle r|$ 为投影算符。式（10.1）中的前 3 项为单原子与光场的相互作用，最后一项表示原子间的偶极—偶极相互作用。

式（10.2）可以描述系统的动力学演化机制。

$$\partial_t\rho = -\frac{i}{\hbar}[H,\rho] + L(\rho) \tag{10.2}$$

式中，$[H,\rho] = H\rho - \rho H$ 刻画系统的相干性，Lindblad 算符 $L(\rho) =$

$\gamma\sum_{i}^{N}\left(\sigma_{\rm rg}^{(i)}\rho\sigma_{\rm gr}^{(i)}-\frac{1}{2}\sigma_{\rm gr}^{(i)}\sigma_{\rm rg}^{(i)}\rho-\frac{1}{2}\rho\sigma_{\rm gr}^{(i)}\sigma_{\rm rg}^{(i)}\right)$刻画由原子弛豫$\gamma$引起的非相干性。可以通过求解式（10.2）来研究原子相干激发的性质及与之相关的量子纠缠特征。如果令式（10.2）左侧为零，则可以得到稳态解，进而能够考察原子的稳态激发性质等。

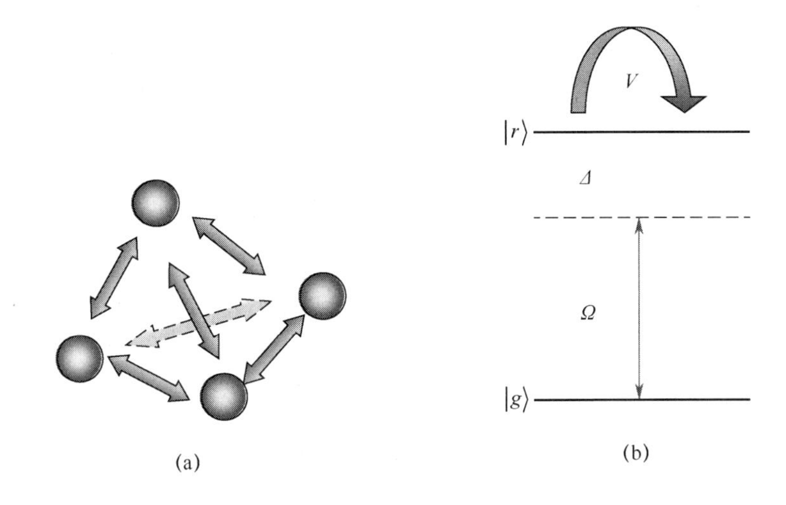

图 10.1　四原子系统和二能级原子结构

对于独立原子系综，由于原子间不存在相互作用，所以考察单原子的光学响应就能得到整个系统的光学性质；而对于里德堡原子系综，应计及原子间的偶极—偶极相互作用，原子的激发行为依赖相邻原子，因此主方程描述的问题本质上是多体问题。如果系统中有 N 个二能级原子，那么准确刻画系统的 Hilbert 空间的维数为 2^N。除两个原子的稳态问题可以通过解析精确求解[15-16]，两个以上原子的情况可以通过数值精确求解外，较一般的情况需要借助近似手段来处理，如利用平均场理论[17-20]，超级原子方法[21-27]及速率方程[28]等。

10.3　里德堡激发概率和量子纠缠的度量

对于独立原子系综，原子间不存在量子关联，而里德堡原子系综则不同，激发过程中的偶极—偶极相互作用使得原子间产生关联，纠缠在一起。对于四原子系统，原子激发比较复杂，需要计算单原子激发概率（平均激发概率）$P_{\mathrm{r}} = \mathrm{Tr}[\rho^{(\mathrm{A})}\sigma_{\mathrm{rr}}]$、双原子激发概率 $P_{\mathrm{rr}} = \mathrm{Tr}[\rho^{(\mathrm{AB})}\sigma_{\mathrm{rr}}\sigma_{\mathrm{rr}}]$、三原子激发概率 $P_{\mathrm{rrr}} = \mathrm{Tr}[\rho^{(\mathrm{ABC})}\sigma_{\mathrm{rr}}\sigma_{\mathrm{rr}}\sigma_{\mathrm{rr}}]$、四原子激发概率 $P_{\mathrm{rrrr}} = \mathrm{Tr}[\rho\sigma_{\mathrm{rr}}\sigma_{\mathrm{rr}}\sigma_{\mathrm{rr}}\sigma_{\mathrm{rr}}]$，其中，$\rho^{(\mathrm{A})} = \mathrm{Tr}_{\mathrm{BCD}}(\rho)$、$\rho^{(\mathrm{AB})} = \mathrm{Tr}_{\mathrm{CD}}(\rho)$、$\rho^{(\mathrm{ABC})} = \mathrm{Tr}_{\mathrm{D}}(\rho)$，这里 $\mathrm{Tr}_{\mathrm{BCD}}(\rho)$、$\mathrm{Tr}_{\mathrm{CD}}(\rho)$、$\mathrm{Tr}_{\mathrm{D}}(\rho)$ 为偏迹计算。可以用里德堡激发概率刻画系统的激发性质。例如，对于典型的偶极阻塞效应，共振的多原子激发被抑制，即高级激发概率 $P_{\mathrm{rr}} = P_{\mathrm{rrr}} = P_{\mathrm{rrrr}} = 0$。

并发纠缠能够很好地度量两体纠缠，原因在于并发纠缠的定义对于两个二能级原子之间的量子纠缠度量是充分必要的，其定义为[29-31]

$$C = \max(0, \lambda_1 - \lambda_2 - \lambda_3 - \lambda_4) \tag{10.3}$$

并发纠缠满足 $0 \leqslant C \leqslant 1$。$C = 0$ 代表两个原子没有纠缠，即量子态是可分离的，如两个没有相互作用的二能级原子；$C = 1$ 表示两个原子处于最大纠缠态。需要指出的是，这个定义仅能判断纠缠的大小，不能直接判断纠缠态类型。

10.4　数值模拟结果讨论与分析

稳态里德堡激发概率如图 10.2 所示。从图 10.2 中可以看出，原子各阶激发的参数空间存在明显的区域分布特征。对于共振情况（$\Delta / \gamma = 0$），当原子间相互作用足够强（$V / \Omega > 10$）时，$P_{\mathrm{rr}} \approx P_{\mathrm{rrr}} \approx P_{\mathrm{rrrr}} \approx 0$，即高阶原子激发被抑制，系统存在典型的偶极阻塞机制。在阻塞空间内，只有一个原子被激发到里德堡态，所有原子形成强烈的纠缠整体，这时系统量子态为 $\frac{1}{2}\sum_{i=1}^{4}\left|g, \cdots, r_j, \cdots, g\right\rangle$。

具体来看，图 10.2（a）中的竖线标记的就是偶极阻塞区域，显然，随着偶极—偶极相互作用的增强，单原子激发参数区域收紧且激发概率在 $V/\varOmega>10$ 时接近饱和。在非共振情况（$\varDelta/\gamma\neq0$）下，里德堡激发行为发生明显变化。从图 10.2（b）至图 10.2（d）中可以看出，围绕 $\varDelta/V=1/2$、1、$5/4$ 参数区域，系统分别产生双原子、三原子和四原子激发，这是因为单光子失谐部分补偿了由偶极—偶极相互作用引起的能级移动，导致超过一个里德堡原子被激发，称为偶极反阻塞效应[32-33]。此外，高阶原子激发对低阶原子激发均有贡献。具体来讲，双原子、三原子和四原子激发对单原子激发有贡献，三原子和四原子激发会增大双原子激发概率，四原子激发会增大三原子激发概率，这些信息可以从对应的参数空间中获得。

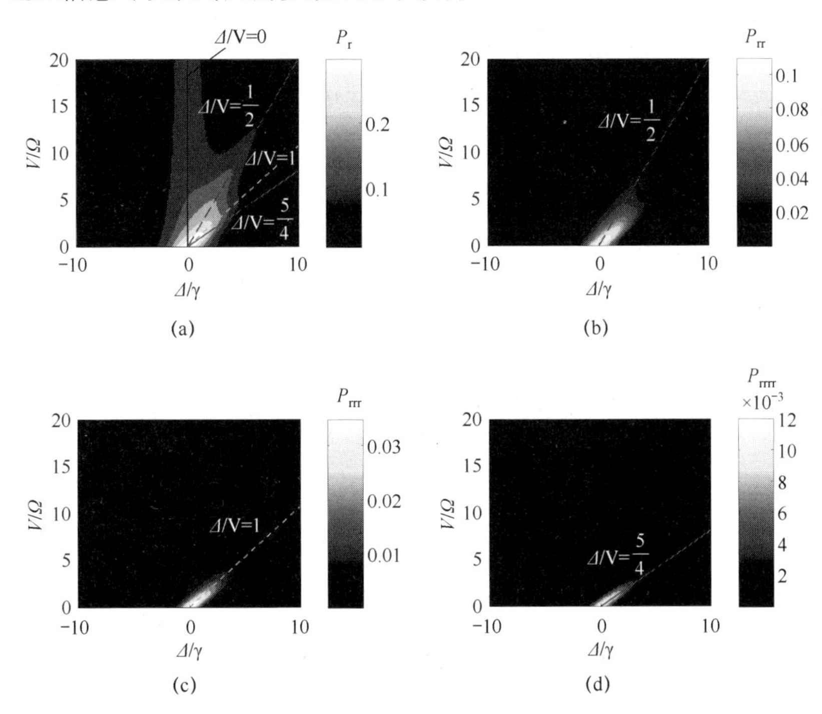

图 10.2　稳态里德堡激发概率

在 $\varDelta/V=0$、$1/2$、1、$5/4$ 参数区域外，里德堡激发几乎完全被抑制。这是因为失谐过高或原子间相互作用过强，有限强度的激光光场不足以将单原子激发到里德堡态。因此，要实现里德堡激发，必须要保证足够的激光强度。

与原子激发行为对应，下面讨论相同参数空间中的稳态并发纠缠，如图 10.3 所示。从图 10.3 中可以看出，量子纠缠仅在里德堡原子的各阶激发参数范围内存在。在里德堡激发概率为零的地方，根本不存在量子纠缠。这意味着要想实现纠缠，至少要将一个原子激发到里德堡态，这样才能触发偶极—偶极相互作用。此外，最大纠缠集中在偶极阻塞区域，由其量子态 $\frac{1}{2}\sum_{i=1}^{4}\left|g,\cdots,r_j,\cdots,g\right\rangle$ 可知，只有一个原子被激发的四体系统是一个强纠缠的量子系统。

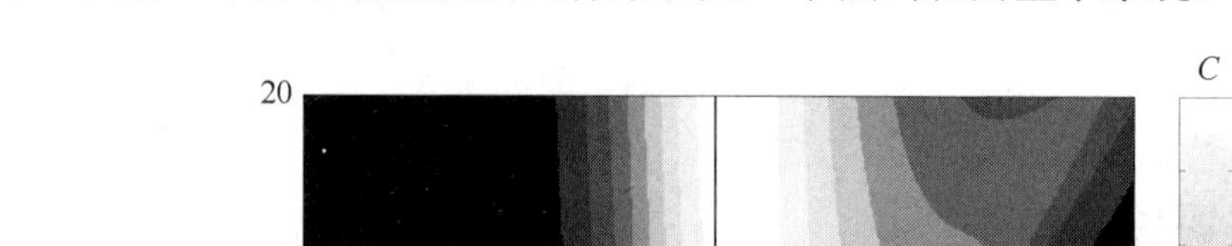

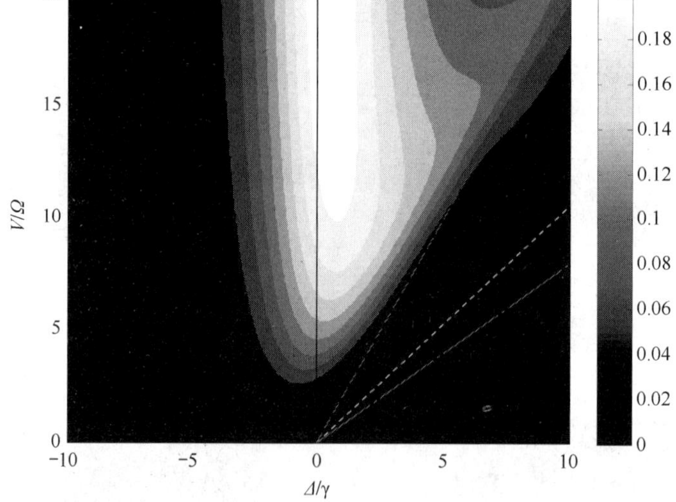

图 10.3　稳态并发纠缠

下面详细讨论稳态并发纠缠、里德堡激发概率与原子间相互作用的关系，关系曲线如图 10.4 所示。由图 10.4（a）中的曲线 P_r 可知，在偶极阻塞条件下，当 $V/\Omega \leqslant 2$ 时，原子间不存在纠缠，这是因为原子间的偶极—偶极相互作用较弱，此时与独立原子类似，每个原子都有较大的激发概率，因此原子间不能很好地纠缠。当 V 增大时，高阶激发逐渐被抑制，其结果是平均激发概率减小，只能保证一个原子被激发，因此系统逐渐进入关联状态，纠缠产生并随偶极阻塞效应的增强而增强，当多原子激发完全被抑制时，系统进入严格的偶极阻塞机制，纠缠和激发趋于饱和。由图 10.4（a）中的曲线 P_{rr}、P_{rrr}、P_{rrrr} 可知，在偶极反阻塞条件下，当 $V/\Omega \leqslant 3$ 时，也有与偶极阻塞机制类似的性质，因此不存在纠缠。随着偶极—偶极相互作用的增强，C 达到最大值，继续增强则 C 会变小直至消失。图 10.4（a）中的曲线 P_{rr} 也具有这个特点，但在 $V/\Omega > 30$ 时才能体现出来。在偶极反阻塞条件下，虽然偶极—偶极相互作用 V 与单光子失谐 Δ 之比保持不变，但是由于对原子的激发作用不同，所以它们之间的竞争和合作关系会影响纠缠。当 V 较小时，单光子失谐 Δ 在一定程度上补偿了偶极—偶极相互作用带来的能级移动，因此里德堡激发得到增强，从而增强量子纠缠；当两者都很大时，Δ 和 V 在一定程度上抑制了单原子激发，且补偿的能级移动带来的效果微不足道，最终原子激发被完全抑制，量子纠缠消失。

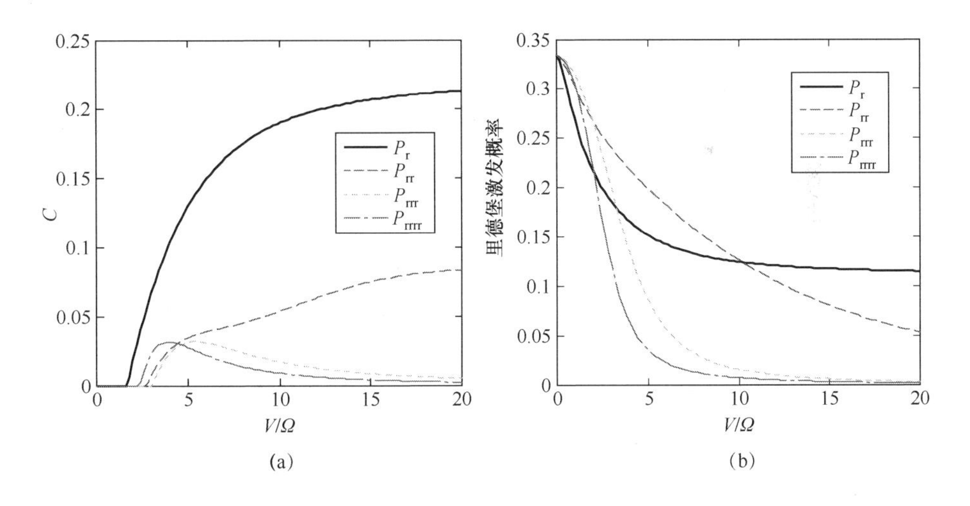

图 10.4　稳态并发纠缠、里德堡激发概率与原子间相互作用的关系曲线

进一步讨论稳态并发纠缠、里德堡激发概率与单光子失谐的关系，关系曲线如图 10.5 所示，其中，$V/\Omega = 5$。从图 10.5 中可以看出，C 的最大值出现在共振点处，这与偶极阻塞效应对应。与独立原子系综不同，里德堡原子系综的激发概率最大值会偏离共振点，这是因为偶极—偶极相互作用对正、负失谐

的补偿效果不同，导致出现差异化的原子激发行为。此外，还可以说明单原子激发概率与并发纠缠行为没有严格的对应关系。

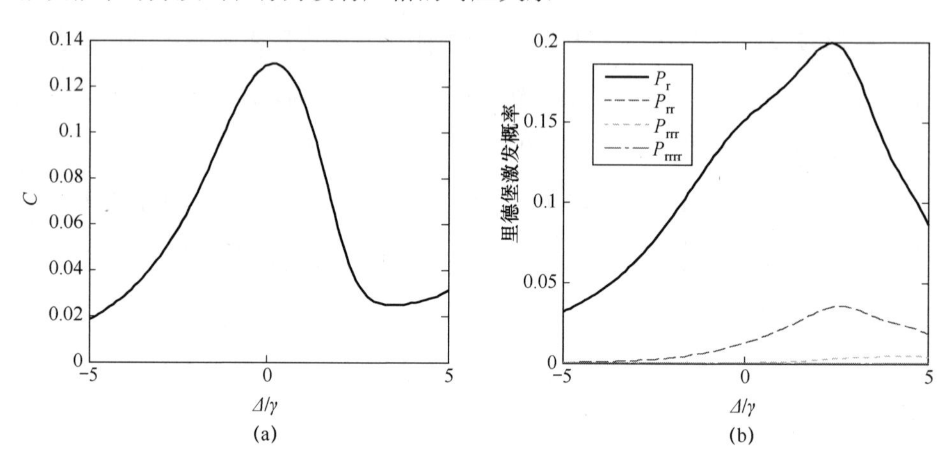

图 10.5　稳态并发纠缠、里德堡激发概率与单光子失谐的关系曲线

保持原子间的偶极—偶极相互作用不变，讨论两种激发机制下的纠缠和激发概率。选取 $V/\Omega=5$ 意味偶极—偶极相互作用强度居中，这样能够更好地观察系统的动力学演化机制。稳态并发纠缠、里德堡激发概率与原子弛豫的关系曲线如图 10.6 所示。由图 10.6（a）可知，在初始时刻没有原子激发，所以也不存在纠缠。随着里德堡原子的激发，几乎所有原子都参与相互作用过程，因此纠缠逐渐增强并产生集体拉比振荡，在共振情况（偶极阻塞机制）下，集体拉比振荡频率与 $\sqrt{N}$ （N 为原子数）成正比[5,34]；而在失谐情况（偶极反阻塞机制）下，集体拉比振荡频率高于共振情况，失谐越高，集体拉比振荡频率越高，在 $\gamma t\geqslant 3$ 时，系统进入稳态。共振情况 FC 的峰值和稳态值均大于非共振情况，这与前面提到的结论一致。从图 10.6（b）中可以看出，当 $\Delta/V=1/2$ 时，里德堡激发概率最大，这与稳态结果一致（失谐补偿了能级移动），但是对应的纠缠却没有共振情况大，原因在于前者接近单激发集体态 $\frac{1}{2}\sum_{i=1}^{4}\left|g,\cdots,r_j,\cdots,g\right\rangle$，而后者接近双激发集体态 $\frac{1}{\sqrt{6}}\sum_{i=1}^{4}\left|g,\cdots,r_j,\cdots,r_k,\cdots,g\right\rangle$。对于失谐更高的偶极反阻

塞机制（$\varDelta/V=1$ 和 $5/4$），单原子激发得不到满足，纠缠自然很小，失谐越高，C 的峰值和稳态值就越小。

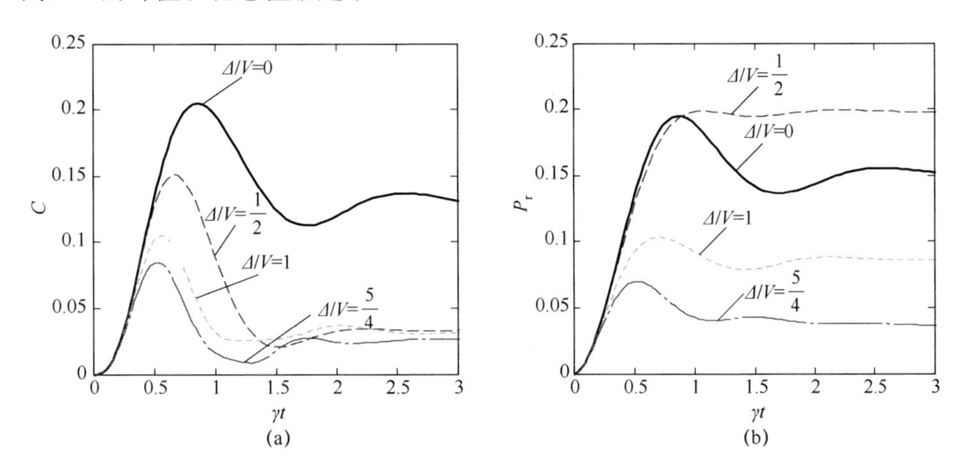

图 10.6　稳态并发纠缠、里德堡激发概率与原子弛豫的关系曲线

在实验中，可以选择三能级 ^{87}Rb 原子，基态、中间激发态、里德堡态分别对应 $|5S_{1/2},F=2\rangle$、$|5P_{3/2},F=2\rangle$、$60S_{1/2}$，一方面使跃迁 $|5S_{1/2},F=2\rangle\to|5P_{3/2},F=2\rangle$ 达到大失谐，另一方面保持 $|5S_{1/2},F=2\rangle$ 经 $|5P_{3/2},F=2\rangle$ 到 $60S_{1/2}$ 的跃迁为双光子共振，即采用双光子激发方案，这样可以将原子等效为二能级原子。进而可以计算 vdW 作用势 $V=\hbar C_6/R^6$，其中 C_6 和 R 分别为 vdW 系数和原子间距。再通过调整大失谐来获得有效的拉比频率，使得 $V/\varOmega$ 和 $\varDelta/\gamma$ 的值满足研究的参数范围。最后，测量里德堡激发概率和并发纠缠。

10.5　结论

本章讨论了稀薄原子气体中的量子纠缠和里德堡激发性质。以呈正四面体排布的少体里德堡原子系统为模型，同时计及原子间的偶极—偶极相互作用。通过精确的数值计算来考察系统在偶极阻塞机制和偶极反阻塞机制下的稳态和瞬态动力学性质。结果表明：里德堡激发决定着量子纠缠，无论是稳态还是瞬态，偶极阻塞机制下的并发纠缠都较大。进一步考察高阶激发过程，分析了两种机制下的纠缠类型并给出物理解释。

参 考 文 献

[1] Gallagher T F. Rydberg Atoms[M]. Cambridge: Cambridge University Press, 1994.

[2] Saffman M, Walker T, Mølmer K. Quantum Information with Rydberg Atoms[J]. Reviews of Modern Physics, 2010, 82(3):2313-2363.

[3] Comparat D, Pillet P. Dipole Blockade in a Cold Rydberg Atomic Sample[J]. Journal of the Optical Society of America B, 2010, 27:A208-A232.

[4] Jaksch D, Cirac J, Zoller P, et al. Fast Quantum Gates for Neutral Atoms[J]. Physical Review Letters, 2000, 85(10):2208-2211.

[5] Lukin M D, Fleischhauer M, Cote R, et al. Dipole Blockade and Quantum Information Processing in Mesoscopic Atomic Ensembles[J]. Physical Review Letters, 2001, 87:037901-1-4.

[6] Tong D, Farooqi S M, Stanojevic J, et al. Local Blockade of Rydberg Excitation in an Ultracold Gas[J]. Physical Review Letters, 2004, 93:063001-1-4.

[7] Porras D, Cirac J I. Collective Generation of Quantum States of Light by Entangled Atoms[J]. Phys. Rev. A, 2008, 78:053816-1-14.

[8] Pedersen L H, Mølmer K. Few Qubit Atom-Light Interfaces with Collective Encoding[J]. Physical Review A, 2009, 79:012320-1-5.

[9] Gorniaczyk H, Tresp C, Schmidt J, et al. Single-Photon Transistor Mediated by Interstate Rydberg Interactions[J]. Physical Reivew Letters, 2014, 113:053601.

[10] Tiarks D, Baur S, Schneider K, et al. Single-Photon Transistor Using a Förster Resonance[J]. Physical Reivew Letters, 2014, 113:053602.

[11] Pritchard J D, Maxwell D, Gauguet A, et al. Cooperative Atom-Light Interaction in a Blockaded Rydberg Ensemble[J]. Physical Review Letters, 2010, 105:193603-1-4.

[12] Vogt T, Viteau M, Zhao J, et al. Dipole Blockade at Forster Resonances in High Resolution Laser Excitation of Rydberg States of Cesium Atoms[J]. Physical Review Letters, 2006, 97:083003-1-4.

[13] Ye S, Zhang X, Dunning F B, et al. Efficient Three-Photon Excitation of Quasi-One-Dimensional

Strontium Rydberg Atoms with n~300[J]. Physical Review A, 2014, 90:013401-1-9.

[14] Labuhn H, Barredo D, Ravets S, et al. Tunable Two-Dimensional Arrays of Single Rydberg Atoms for Realizing Quantum Ising Models[J]. Nature, 2016, 534:667-670.

[15] Gillet J, Agarwal G S, Bastin T. Tunable Entanglement, Antibunching, and Saturation Effects in Dipole Blockade[J]. Physical Review A, 2010, 81:013837-1-5.

[16] Fan C H, Yan D, Liu Y M, et al. Coopetition and Manipulation of Quantum Correlations in Rydberg Atoms[J]. Journal of Phys Journal of Physics B: Atomic, Molecular and Optical Physics, 2017, 50:115501-1-8.

[17] Lee T E, Häffner H, Cross M C. Antiferromagnetic Phase Transition in a Nonequilibrium Lattice of Rydberg Atoms[J]. Physical Review A, 2011, 84:031402(R)-1-4.

[18] Lee T E, Häffner H, Cross M C. Collective Quantum Jumps of Rydberg Atoms[J]. Physical Review Letters, 2012, 108:023602-1-5.

[19] Šibalić N, Wade C G, Adams C S, et al. Nonequilibrium Phase Transition in a Dilute Rydberg Ensemble[J]. Physical Review A, 2016, 94:011401(R)-1-5.

[20] Dauphin A, Müller M, Martin-Delgado M A. Quantum Simulation of a Topological Mott Insulator with Rydberg atoms in a Lieb Lattice[J]. Physical Review A, 2016, 93:043611-1-8.

[21] Petrosyan D, Otterbach J, Fleischhauer M. Electromagnetically Induced Transparency with Rydberg Atoms[J]. Physical Review Letters, 2011, 107:213601-1-5.

[22] Yan D, Liu Y M, Bao Q Q, et al. Electromagnetically Induced Transparency in an Inverted-Y System of Interacting Cold Atoms[J]. Physics Review A, 2012, 86:023828-1-5.

[23] Gärttner M, Whitlock S, Schönleber D W, et al. Collective Excitation of Rydberg-Atom Ensembles Beyond the Superatom Model[J]. Physical Review Letters, 2014, 113:233002-1-5.

[24] Carmele A, Vogell B, Stannigel K, et al. Opto-Nanomechanics Strongly Coupled to a Rydberg Superatom: Coherent Versus Incoherent Dynamics[J]. New Journal of Physics, 2014, 16:063042-1-28.

[25] Weber T M, Höning M, Niederprüm T, et al. Mesoscopic Rydberg-blockaded Ensembles in the Superatom Regime and Beyond[J]. Nature Physics, 2015, 11:157-161.

[26] Zeiher J, Schauß P, Hild S, et al. Microscopic Characterization of Scalable Coherent Rydberg Superatoms[J]. Physical Review X, 2015, 5:031015-1-8.

[27] Liu Y M, Tian X D, Wang X, Yan D, et al. Cooperative Nonlinear Grating Sensitive to Light Intensity and Photon Correlation[J]. Optics Letters,2016, 41:408-411.

[28] Ates C, Pohl T, Pattard T, et al. Antiblockade in Rydberg Excitation of an Ultracold Lattice Gas[J]. Physical Review Letters, 2007, 98:023002-1-4.

[29] Hill S, Wootters W K. Entanglement of a Pair of Quantum Bits[J]. Physical Review Letters, 1997, 78:5022-5025.

[30] Wootters W K. Entanglement of Formation of an Arbitrary State of Two Qubits[J]. Physical Review Letters, 1998, 80:2245-2248.

[31] 严冬, 宋立军. 周期脉冲撞击的两分量 Bose-Einstein 凝聚系统的单粒子相干和对纠缠[J]. 物理学报, 2010, 10:6832-6836.

[32] Ates C, Pohl T, Pattard T, et al. Antiblockade in Rydberg Excitation of an Ultracold Lattice Gas[J]. Physical Review Letters, 2007, 98:023002-1-4.

[33] Amthor T, Giese C, Hofmann C S, et al. Evidence of Antiblockade in an Ultracold Rydberg Gas[J]. Physical Review Letters, 2010, 104:013001-1-4.

[34] Honer J, Löw R, Weimer H, et al. Artificial Atoms Can Do More Than Atoms: Deterministic Single Photon Subtraction from Arbitrary Light Fields[J]. Physical Review Letters, 2011, 107:093601-1-5.

第 11 章　基于受激拉曼绝热技术的里德堡激发和纠缠制备

11.1　引言

近期的研究表明，利用一束或两束相干激光的共振激发可以将超冷原子部分激发到指定的里德堡态[1-4]，这使得研究偶极作用引起的许多有趣现象成为可能。前面提到，在一定的范围内（通常是微米级），偶极阻塞效应只允许一个原子共振激发到里德堡态，偶极阻塞球内其他原子的里德堡激发被抑制。因此，为了将更多的超冷原子激发到指定的能级，需要采取其他手段来避免共振激发或克服偶极阻塞效应。例如，在两步激发方案中，利用单原子布居的瞬态 AT 劈裂方法实现偶极反阻塞效应[5-6]。偶极反阻塞效应往往表现为一定主量子数下里德堡激发的显著增强[6]或具有适当的双光子失谐[5]。在粒子激发与转移方面，STIRAP 展示出不寻常的能力，它能够灵活可控地将处于基态的超冷原子完全转移到其他态[7-9]。以三能级 Λ 型原子系统为例，在实现标准的 STIRAP 的过程中，两束激光（泵浦光和斯托克斯光）为反直觉排布，从而保证系统在暗态下的绝热演化。本章在考虑偶极作用的前提下，通过将 STIRAP 与偶极反阻塞效应结合来实现原子从基态到里德堡态的有效激发，并详细研究原子绝热激发过程中的量子纠缠现象。

这里考察的对象为稀薄超冷原子气体，原子的基态、中间激发态和里德堡态被泵浦场和斯托克斯场相干驱动为 Λ 型结构。气体非常稀薄以至于在偶极阻塞球内平均只有两个原子，这种情况与只考虑最近邻原子相互作用的 vdW 机制

（见 2.1.4 节）类似，因此可以采用两体相互作用模型来处理问题。我们的研究表明，在 STIRAP 中，仅通过调制泵浦场和斯托克斯场的失谐就能驱动系统进入偶极阻塞机制或偶极反阻塞机制。具体来讲，当泵浦场和斯托克斯场恰好满足双光子共振条件时，偶极阻塞球内只有一个原子被激发到里德堡态；当双光子失谐补偿了由 vdW 相互作用引起的能级移动时，偶极阻塞球内会有两个原子同时被激发到里德堡态。后者表现出来的行为就是典型的偶极反阻塞效应，在这种情况下，系统会在准暗态（含有可以忽略不计的普通激发态成分）下近似地绝热演化。此外，在 STIRAP 后，会产生两种不同的最大原子纠缠态，它们分别对应严格的偶极阻塞效应和不完美的偶极反阻塞效应。

11.2 理论模型及方程

稀薄超冷原子气体、原子能级结构和 STIRAP 如图 11.1 所示，在偶极阻塞球内平均只有两个原子，见图 11.1（a）。以超冷 ^{87}Rb 原子为例，这样在实验中将体密度减小为 10^9～10^{10}cm^{-3} 就可以实现稀薄超冷原子气体[10]。图 11.1（b）为原子能级结构，$|1\rangle$ 为基态，能级寿命长于 1ms；$|2\rangle$ 为普通激发态，能级寿命短于 1μs；$|r\rangle$ 为里德堡态，能级寿命长于 100μs。图 11.1（c）为典型的 STIRAP，泵浦场和斯托克斯场均被调制为高斯型脉冲，为反直觉脉冲序列。泵浦场和斯托克斯场的拉比频率分别为 Ω_{p} 和 Ω_{s}，这两个场将 3 个能级相干驱动为梯形结构。前者作用在偶极允许跃迁 $|1\rangle \leftrightarrow |2\rangle$ 上，后者作用在跃迁 $|2\rangle \leftrightarrow |r\rangle$ 上，对应的单光子失谐分别为 $\Delta_{\mathrm{p}} = \omega_{\mathrm{p}} - \omega_{21}$ 和 $\Delta_{\mathrm{s}} = \omega_{\mathrm{s}} - \omega_{\mathrm{r2}}$，其中 ω_{p} 和 ω_{s} 分别为泵浦场和斯托克斯场的频率。如果在偶极阻塞球内标记为 A 和 B 的两个原子同时被激发到里德堡态，那么原子间会产生很强的 vdW 作用势 V_{d}，这样会使两个原子关联起来。双原子系统的哈密顿量为

$$H_{\mathrm{AB}} = H_{\mathrm{A}} + H_{\mathrm{B}} + H_{\mathrm{int}} \tag{11.1}$$

式中，H_A 和 H_B 为描述单原子表象下原子 A 和原子 B 与光的相互作用的哈密顿量，这里以原子 A 为例，其具体形式为

$$H_A = \hbar\varDelta_p|2\rangle_A\langle 2| + \hbar\varDelta|r\rangle_A\langle r| + \hbar[\varOmega_p|2\rangle_A\langle 1| + \varOmega_s|r\rangle_A\langle 2| + \text{h.c.}] \quad (11.2)$$

式中，$\varDelta = \varDelta_p + \varDelta_s$ 为能级 $|1\rangle$ 和 $|r\rangle$ 之间的双光子失谐。

H_{int} 为描述原子间相互作用的哈密顿量，即

$$H_{int} = \hbar V_d|r\rangle_A|r\rangle_{BB}\langle r|_A\langle r| \quad (11.3)$$

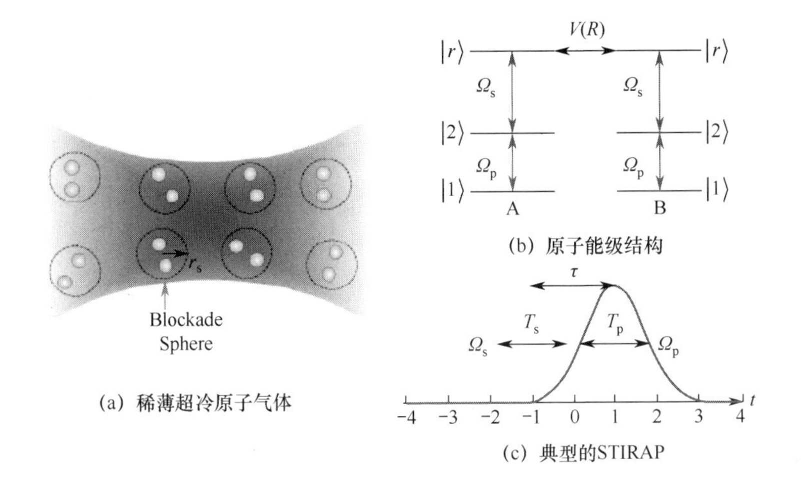

图 11.1　稀薄超冷原子气体、原子能级结构和 STIRAP

探究偶极阻塞球内原子的光学响应需要借助光学 bloch 方程。在这个系统中，两体密度算符 ρ_{AB} 自然遵循两体光学 bloch 方程，即

$$i\hbar\frac{\partial\rho_{AB}}{\partial t} = [H_{AB}, \rho_{AB}] \quad (11.4)$$

需要指出的是，虽然式（11.4）中直观体现的都是相干项，但实际上在后面的数值计算中合理地唯象加入了粒子的自发弛豫速率和退相位速率。在双原子表象中，式（11.4）展开后会变成关于 81 个密度矩阵元 $\rho_{ij,ij}$ 的微分方程。如果要考察单原子的光学响应，就需要计算 $\rho_{ij} = \text{Tr}_{A(B)}(\rho_{ij,ij})$。

在 STIRAP 中，往往需要将泵浦场和斯托克斯场调制为高斯型脉冲，即

$$\begin{cases} \Omega_\mathrm{p}(t) = \Omega_\mathrm{p}^{\max} \mathrm{e}^{-(t-\tau/2)^2/T_\mathrm{p}^2} \\ \Omega_\mathrm{s}(t) = \Omega_\mathrm{s}^{\max} \mathrm{e}^{-(t+\tau/2)^2/T_\mathrm{s}^2} \end{cases} \tag{11.5}$$

式中，$\Omega_\mathrm{p}^{\max}$ 和 $\Omega_\mathrm{s}^{\max}$ 为脉冲的峰值，τ 为脉冲延迟，T_p 和 T_s 为脉冲宽度的一半。在典型的 STIRAP 中，这两束高斯型脉冲为反直觉脉冲序列且满足 $\tau \approx T_\mathrm{p} + T_\mathrm{s} > 0$，只有这样才能保证原子在两个能级间的移动是绝热的。

如果原子间没有偶极—偶极相互作用（$V_\mathrm{d} = 0\mathrm{MHz}$），则求解式（11.1）的久期方程会得到对应零本征值的本征态，即系统暗态

$$|D_1(t)\rangle = [\cos\theta(t)|1\rangle_\mathrm{A} + \sin\theta|r\rangle_\mathrm{A}] \otimes [\cos\theta(t)|1\rangle_\mathrm{B} + \sin\theta|r\rangle_\mathrm{B}] \cdots \tag{11.6}$$

当 Δ=0MHz 时，有 $\tan\theta = \Omega_\mathrm{p}(t) / \Omega_\mathrm{s}(t)$。显然，两个子系统的暗态是没有关联的，因此式（11.6）可以退化为单原子表象下的暗态，旋转暗态 $|D_1(t)\rangle$ 能将偶极阻塞球内的两个原子从能级 $|1\rangle$ 绝热转移到能级 $|r\rangle$。

然而，在偶极—偶极相互作用不能忽略的情况下（$V_\mathrm{d} \neq 0\mathrm{MHz}$），当 $\Delta = 0\mathrm{MHz}$ 时，系统的暗态变为[11]

$$|D_2(t)\rangle = \frac{\cos 2\theta(t)|11\rangle - \sin 2\theta(t)[|1r\rangle + |r1\rangle]/2 + \sin^2\theta(t)|22\rangle}{\sqrt{\cos^4\theta(t) + 2\sin^4\theta(t)}} \tag{11.7}$$

从式（11.7）中可以看出，因为普通激发态 $|2\rangle$ 包含在暗态中，所以在单光子共振的情况下，利用 STIRAP 不可能把两个原子都从基态 $|1\rangle$ 完全激发到里德堡态 $|r\rangle$。但是为了实现偶极阻塞球内两个原子的有效里德堡激发，可行的方法是找到暗态

$$\begin{aligned} |D_3(t)\rangle = {} & c_1(t)|11\rangle + c_2(t)|1r\rangle + c_3(t)|r1\rangle + c_4(t)|rr\rangle + \\ & c_5(t)|22\rangle + c_6(t)|12\rangle + c_7(t)|21\rangle + c_8(t)|2r\rangle + c_9(t)|r2\rangle \end{aligned} \tag{11.8}$$

式（11.8）中的系数满足 $\sum_{i=1}^{9}|c_i|^2 = 1$ 及 $\sum_{i=1}^{4}|c_i|^2 \gg \sum_{i=5}^{9}|c_i|^2$。可是如何找到并验

证具有这样的特征的暗态呢？我们的方法是：先计算 H_{AB} 的特征方程并求得本征值的最小绝对值 $|\lambda_{\min}(t)|$，然后在一个完整的 STIRAP 中对 $|\lambda_{\min}(t)|$ 求平均值，即

$$\bar{\lambda}=\frac{\int_{-2T_{\mathrm{s}}-\tau/2}^{-2T_{\mathrm{p}}+\tau/2}|\lambda_{\min}(t)|\mathrm{d}t}{2T_{\mathrm{s}}+2T_{\mathrm{p}}+\tau} \tag{11.9}$$

如果 $\bar{\lambda}$ 接近零，则意味着暗态 $|D_3(t)\rangle$ 在这种情况下是存在的。可以将对应 $\bar{\lambda}\approx 0$ 的本征态看作准暗态，因为它的组分中几乎不包括普通激发态 $|2\rangle$，所以基本上可以排除自发弛豫带来的影响。通过进一步研究发现，只有当满足 $\varDelta\approx -V_{\mathrm{d}}/2$ 时，即当双光子失谐补偿了一半的 vdW 作用势时，系统才会在准暗态 $|D_3(t)\rangle$ 下近似地绝热演化。

我们知道，偶极—偶极相互作用往往会引起原子间某种程度的量子关联。采用负值度（Negativity）对其进行度量[12]

$$\mathcal{N}(\rho_{\mathrm{AB}})=\sum_i|\mu_i| \tag{11.10}$$

式中，ρ_{AB} 为双原子系统的密度算符，μ_i 为部分转置的负本征值。注意到 $\mathcal{N}$ 的值为 0～0.5，$\mathcal{N}$=0 代表两个子系统是完全分离的，而 $\mathcal{N}$=0.5 表示它们之间有最大纠缠。注意：对于可分离态和束缚纠缠态（Bound Entangled States）均有 $\mathcal{N}$=0，因此负值度不能用来度量束缚纠缠态，但是在这个系统中，我们从具体的物理过程出发，可以肯定 $\mathcal{N}$=0 表示没有纠缠。

11.3　数值模拟结果及理论分析

首先，我们考察在经历完整的 STIRAP 后（$t=4\mu\mathrm{s}$），单原子激发概率 ρ_{rr} 和双原子激发概率 $\rho_{\mathrm{rr,rr}}$ 与单光子失谐 $\varDelta_{\mathrm{p}}$ 和双光子失谐 $\varDelta$ 的关系。具体来讲，$\rho_{\mathrm{rr,rr}}=\langle rr|\rho_{\mathrm{AB}}|rr\rangle$，$\rho_{\mathrm{rr}}=(\rho_{\mathrm{rr}}^{\mathrm{A}}+\rho_{\mathrm{rr}}^{\mathrm{B}})/2$。在 vdW 作用势不存在的情况下，因

为 $\rho_{\mathrm{rr}}^{\mathrm{A}} \equiv \rho_{\mathrm{rr}}^{\mathrm{B}}$，所以恒有 $\rho_{\mathrm{rr,rr}} = \rho_{\mathrm{rr}}^{2}$。失谐参数空间中的里德堡激发概率如图 11.2 所示，其中，$\Gamma_{21} = 1.5\mathrm{MHz}$，$\Gamma_{\mathrm{r2}} = 0.05\mathrm{MHz}$，$V_{\mathrm{d}} = 100\mathrm{MHz}$，$\Omega_{\mathrm{p}}^{\max} = \Omega_{\mathrm{s}}^{\max} = 100\mathrm{MHz}$，$T_{\mathrm{p}} = T_{\mathrm{s}} = 1\mu\mathrm{s}$，$\tau = 2\mu\mathrm{s}$。图 11.2（a）表示 $V_{\mathrm{d}} = 0\mathrm{MHz}$ 时的单原子激发概率 ρ_{rr}；图 11.2（b）表示 $V_{\mathrm{d}} \neq 0\mathrm{MHz}$ 时的单原子激发概率 ρ_{rr}；图 11.2（c）表示 $V_{\mathrm{d}} \neq 0\mathrm{MHz}$ 时的双原子激发概率 $\rho_{\mathrm{rr,rr}}$。在数值模拟中，斯托克斯脉冲在 $t = -2T_{\mathrm{s}} - \tau / 2$ 时关闭。如图 11.2（a）所示，和预期的一样，在接近双光子共振（$\Delta = 0\mathrm{MHz}$）的条件下，利用 STIRAP 能够实现原子从基态 $|1\rangle$ 到里德堡态 $|r\rangle$ 的有效激发。随着单光子失谐 Δ_{p} 的增大，能够实现有效单原子激发（$\rho_{\mathrm{rr}} \approx 1$）的双光子失谐范围越来越小，在参数空间中呈扇形结构。然而当考虑原子间的 vdW 相互作用时，偶极阻塞效应会导致这两个原子的里德堡激发行为变得差异很大，因此有 $\rho_{\mathrm{rr,rr}} \neq \rho_{\mathrm{rr}}^{2}$。这正是我们在 vdW 相互作用下研究 ρ_{rr} 和 $\rho_{\mathrm{rr,rr}}$ 的原因。从图 11.2（b）中可以看出，表征单原子激发（$\rho_{\mathrm{rr}} \approx 1$）的扇形区域明显向左移动，中心位置移到 $\Delta = -V_{\mathrm{d}} / 2$，产生偶极反阻塞效应。另外，在 $\Delta = 0\mathrm{MHz}$ 附近可以看出单原子激发概率降到 0.5，这是偶极阻塞效应的典型特征。图 11.2（c）进一步验证了偶极阻塞效应和偶极反阻塞效应的存在，即在中心为 $\Delta = -V_{\mathrm{d}} / 2$ 的扇形区域内，双原子激发概率 $\rho_{\mathrm{rr,rr}} \approx 1$，而在双光子共振处 ($\Delta = 0\mathrm{MHz}$)，$\rho_{\mathrm{rr,rr}} \approx 0$。

前面提到，为了实现有效的双原子激发（$\rho_{\mathrm{rr,rr}} \approx 1$），需要尽量避免原子布居在普通激发态 $|2\rangle$ 上。这是因为与基态和里德堡态相比，它的自发弛豫非常大，所以会减小里德堡激发概率。基于这种考虑，只有保证 STIRAP 中系统在准暗态 $|D_3\rangle$ 下演化才能达到目的。为了找到准暗态 $|D_3\rangle$ 并确认其存在的条件，我们考察平均本征值 $\bar{\lambda}$ 与单光子失谐 Δ_{p} 和双光子失谐 Δ 的关系，如图 11.3 所示，可以看出，当 $\Delta \approx -V_{\mathrm{d}} / 2 = -50\mathrm{MHz}$ 时，$\bar{\lambda}$ 接近零，因此我们可以肯定，图 11.2（c）中表现出来的有效双原子激发是系统在准暗态 $|D_3\rangle$ 下绝热演化的结果。

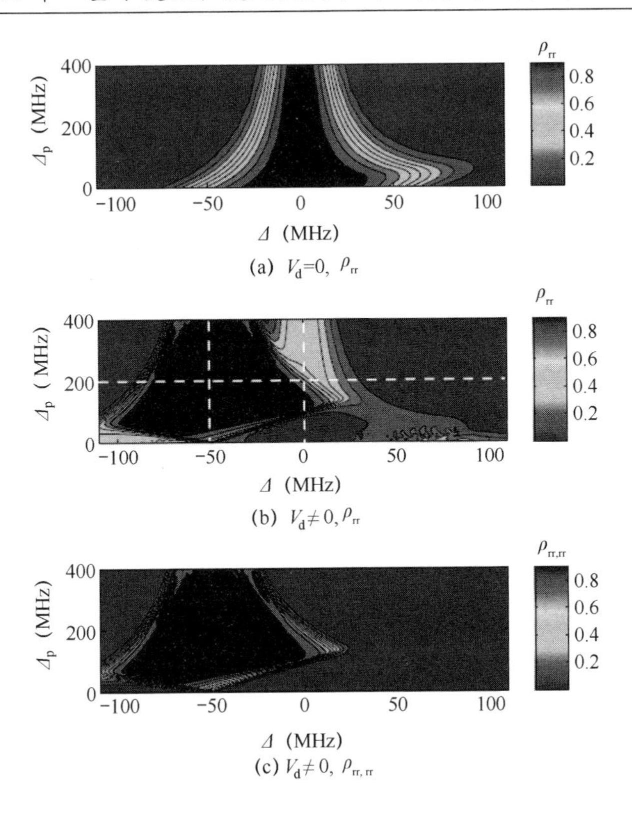

图 11.2　失谐参数空间中的里德堡激发概率

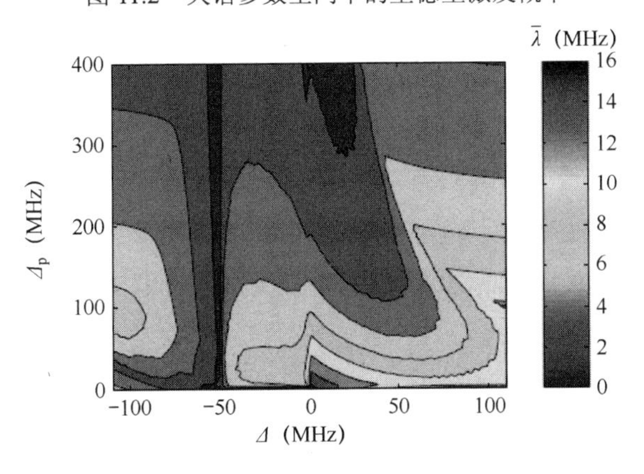

图 11.3　平均本征值与单光子失谐和双光子失谐的关系

为了清晰地展示 STIRAP 中具体的动力学行为，我们在偶极反阻塞条件下（$\Delta_p = 200\text{MHz}$ 和 $\Delta = -50\text{MHz}$）考察双原子布居 $\rho_{11,11}$、 $\rho_{22,22}$ 和 $\rho_{rr,rr}$ 及单原子

布居 ρ_{11}、ρ_{22} 和 ρ_{rr} 的瞬时行为。在偶极反阻塞条件下，原子布居的动力学演化过程如图 11.4 所示。从图 11.4 中可以看出，整个演化过程中几乎没有包含普通激发态 $|2\rangle$ 组分的原子布居，因此可以断定系统的演化是近乎绝热的。这再一次证明有效的双原子激发过程是两体系统在准暗态 $|D_3(t)\rangle$ 下绝热演化的必然结果。

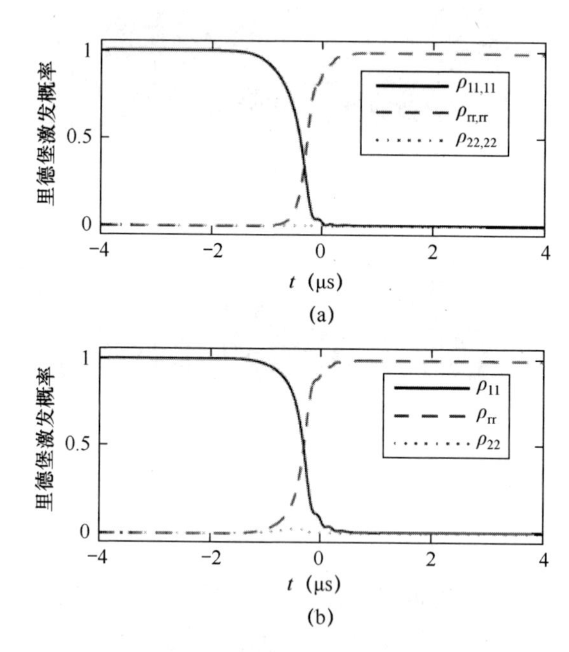

图 11.4 在偶极反阻塞条件下，原子布居的动力学演化过程

基于上述讨论，可以说引入双光子失谐 $\varDelta \approx -V_d / 2$ 能够很好地补偿由 vdW 相互作用导致的、抑制双原子同步激发的能级移动，从而将偶极阻塞效应变为偶极反阻塞效应。简单地调制泵浦场和斯托克斯场的失谐就能让这个两体系统在偶极阻塞机制或偶极反阻塞机制下工作。需要注意的是，因为 $\varOmega_p^{max}$、$\varOmega_s^{max}$ 与 V_d 接近，所以反阻塞区域会稍微延伸到阻塞区域，见图 11.2（b），如果选择 $\varOmega_p^{max} = \varOmega_s^{max} \gg V_d$，就能够看到这两个区域完全分开了。

下面研究在原子从基态 $|1\rangle$ 到里德堡态 $|r\rangle$ 的过程中，由 vdW 相互作用引起

的量子纠缠性质。里德堡激发概率和负度值与失谐的关系曲线如图 11.5 所示，图 11.5（a）表示当 $\Delta_{\mathrm{p}}=200\mathrm{MHz}$ 时，ρ_{rr}、$\rho_{\mathrm{rr,rr}}$ 和 $\mathcal{N}$ 与双光子失谐 Δ 的关系曲线。能够看到当 $\Delta\approx -V_{\mathrm{d}}/2=-50\mathrm{MHz}$ 时，有 $\rho_{\mathrm{rr}}\approx\rho_{\mathrm{rr,rr}}\approx 1$ 和 $\mathcal{N}\approx 0$，这表明在 vdW 作用势被合适的双光子失谐补偿后，两个原子可以同时被激发到里德堡态。在这种情况下，经过 STIRAP 后原子 A 和原子 B 最终处于可分离量子态 $|rr\rangle$ 上，因此两个原子间没有任何关联。当 $\Delta=0\,\mathrm{MHz}$ 时，有 $\rho_{\mathrm{rr}}\approx 0.5$、$\rho_{\mathrm{rr,rr}}\approx 0$ 和 $\mathcal{N}\approx 0.5$，这意味着当泵浦场和斯托克斯场保持双光子共振时，有且仅有一个原子被激发到里德堡态，但是不能确定是两个原子中的哪个，所以两体系统在 STIRAP 后产生最大纠缠态 $(|1r\rangle+|r1\rangle)/\sqrt{2}$。此外，当 $\Delta\approx -88\,\mathrm{MHz}$ 时，有 $\rho_{\mathrm{rr}}\approx\rho_{\mathrm{rr,rr}}\approx 0.5$ 和 $\mathcal{N}\approx 0.5$，在这种情况下，每个原子处于基态和激发态的概率各为 0.5，因此对应于另一种最大纠缠态 $(|11\rangle+|rr\rangle)/\sqrt{2}$。总之，在偶极—偶极相互作用下，可以利用 STIRAP，通过调制失谐的简单手段来制备两种最大纠缠态，因此该方法在量子信息处理方面有较大的应用前景。

为了全面研究里德堡激发和量子纠缠的关系，我们进一步保持双光子失谐不变，来研究它们与单光子失谐的关系。图 11.5（b）表示当 $\Delta_{\mathrm{p}}=-50\mathrm{MHz}$ 时，虽然单原子激发和双原子激发都依赖单光子失谐，但是一直有 $\rho_{\mathrm{rr}}\approx\rho_{\mathrm{rr,rr}}$。实际上这正是偶极反阻塞效应的表现，即偶极阻塞球内的两个原子被激发到里德堡态的概率是相同的。值得一提的是，在不完美的偶极反阻塞机制下仍然可以产生最大纠缠态 $(|11\rangle+|rr\rangle)/\sqrt{2}$，例如，当 $\Delta_{\mathrm{p}}\approx\pm 680\mathrm{MHz}$ 时，$\mathcal{N}\approx 0.5$。图 11.5（c）表示在双光子共振（$\Delta=0\mathrm{MHz}$）条件下里德堡激发概率和量子纠缠的关系，当 $\Delta_{\mathrm{p}}<-50\mathrm{MHz}$ 或 $\Delta_{\mathrm{p}}>250\mathrm{MHz}$ 时可以得到 $\rho_{\mathrm{rr}}\approx 0.5$ 和 $\rho_{\mathrm{rr,rr}}\approx 0$，这表明偶极阻塞效应带来的结果是只有一个原子被激发到里德堡态。前面提到，典型的偶极阻塞效应会产生最大纠缠态 $(|1r\rangle+|r1\rangle)/\sqrt{2}$，而当 $\Delta_{\mathrm{p}}\approx 0\mathrm{MHz}$ 时原子会在普通激发态 $|2\rangle$ 上布居，因此 ρ_{rr}、$\rho_{\mathrm{rr,rr}}$、$\mathcal{N}$ 均近似为零。此外，反阻塞区域延伸到阻塞区域导致在 $\Delta_{\mathrm{p}}\approx 200\mathrm{MHz}$ 时有 $\rho_{\mathrm{rr}}\approx\rho_{\mathrm{rr,rr}}\approx 1$ 和 $\mathcal{N}\approx 0$。

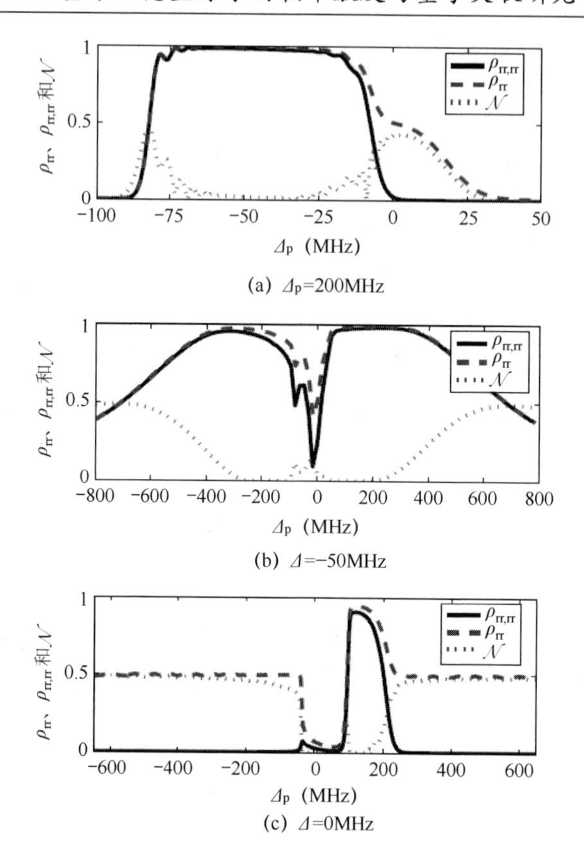

(a) Δ_p=200MHz

(b) Δ=−50MHz

(c) Δ=0MHz

图 11.5　里德堡激发概率和负度值与失谐的关系曲线

11.4　本章小结

本章给出了可行的里德堡激发方案，即在 STIRAP 中避免在中间激发态上布居原子，从而实现稀薄超冷原子的有效激发。气体非常稀薄以至于里德堡原子仅与一个相邻原子相互作用，这样可以将样品分成多个只含有 2 个原子的微球。因此，双原子系统的光学 bloch 方程足以支配系统的动力学演化。结果表明，STIRAP 中的有效里德堡激发对泵浦场和斯托克斯场的失谐非常敏感。在双光子共振条件下，偶极阻塞效应导致只有一半原子被激发到里德堡态；而当双光子失谐对 vdW 作用势进行补偿时，所有原子都能被激发到里德堡态，从

而形成反阻塞现象。原因在于系统实际上是在排除中间激发态的准暗态中绝热演化的，使得初始的双原子直积态$|11\rangle$能够激发为双里德堡直积态$|rr\rangle$，在演化的动力学过程中不会出现包含中间激发态的其他原子态。此外，我们在偶极阻塞机制下制备出最大纠缠态$(|1r\rangle+|r1\rangle)/\sqrt{2}$ ($\mathcal{N}\approx 0.5$)；而在偶极反阻塞机制下，系统演化结果为非关联的双里德堡直积态$|rr\rangle$ ($\mathcal{N}\approx 0$)。令人惊奇的是，当双光子失谐调制为不完美的反阻塞机制时，我们会得到另一种最大纠缠态$(|11\rangle+|rr\rangle)/\sqrt{2}$ ($\mathcal{N}\approx 0.5$)。

随着样品密度的增大，偶极阻塞球内的原子会变多，我们可以合理地推断，在这种情况下，偶极反阻塞机制仍然会大大促进里德堡态的有效激发。当然，对于多原子系统，偶极阻塞机制和偶极反阻塞机制及产生的量子纠缠会更加复杂，这里不做进一步讨论。

参考文献

[1] Heidemann R, Raitzsch U, Bendkowsky V, et al. Evidence for Coherent Collective Rydberg Excitation in the Strong Blockade Regime[J]. Physical Review Letters, 2007, 99:163601-1-4.

[2] Reetz-Lamour M, Amthor T, Deiglmayr J, et al. Rabi Oscillations and Excitation Trapping in the Coherent Excitation of a Mesoscopic Frozen Rydberg Gas[J]. Physical Review Letters, 2008, 100:253001-1-4.

[3] Cubel T, Teo B K, Malinovsky V S, et al. Coherent Population Transfer of Ground-State Atoms into Rydberg States[J]. Physical Review A, 2005, 72:023405-1-4.

[4] Deiglmayr J, Reetz-Lamour M, Amthor T, et al. Coherent Excitation of Rydberg Atoms in an Ultracold Gas[J]. Optics Communications, 2006, 264:293-298.

[5] Ates C, Pohl T, Pattard T, et al. Antiblockade in Rydberg Excitation of an Ultracold Lattice Gas[J]. Physical Review Letters, 2007, 98:023002-1-4.

[6] Amthor T, Giese C, Hofmann C S, et al. Evidence of Antiblockade in an Ultracold Rydberg Gas[J]. Physical Review Letters, 2010, 104:013001-1-4.

[7] Oreg J, Hioe F T, Eberly J H. Adiabatic Following in Multilevel Systems[J]. Physical Review A, 1984, 29:690-697.

[8] Bergmann K, Theuer H, Shore B W. Coherent Population Transfer Among Quantum States of Atoms and Molecules[J]. Reviews of Modern Physics, 1998, 70:1003-1025.

[9] Vitanov N V, Halfmann T, Shore B W, et al. Laser-Induced Population Transfer by Adiabatic Passage Techniques[J]. Annual Review of Physical Chemistry, 2001, 52:763-809.

[10] Pritchard J D, Maxwell D, Gauguet A, et al. Cooperative Atom-Light Interaction in a Blockaded Rydberg Ensemble[J]. Physical Review Letters, 2010, 105:193603-1-4.

[11] Møller D, Madsen L B, Mølmer K. Quantum Gates and Multiparticle Entanglement by Rydberg Excitation Blockade and Adiabatic Passage[J]. Physical Review Letters, 2008, 100:170504-1-4.

[12] Vidal G, Werner R F, Computable Measure of Entanglement[J]. Physical Review A, 2002, 65:032314-1-11.

附　　录

我们考虑里德堡态$|d\rangle$下的一对原子通过分子过程耦合到与$|d\rangle$态不同的里德堡态$|r\rangle$。这由哈密顿量$\hat{H}_{\mathrm{t}}=\hat{H}+\hat{H}_{\mathrm{m}}$描述，其中$\hat{H}$由式（7.1）给出，分子哈密顿量$\hat{H}_{\mathrm{m}}$描述里德堡态之间的偶极作用，有

$$\hat{H}_{\mathrm{m}}=U(R_{12})(\hat{\sigma}_{\mathrm{dr}}^{1}\hat{\sigma}_{\mathrm{dr}}^{2}+\hat{\sigma}_{\mathrm{rd}}^{1}\hat{\sigma}_{\mathrm{rd}}^{2}) \tag{1}$$

式中，偶极作用为$U(R_{12})=C_3/R_{12}^3$。此外，$|r\rangle$态通过单体自发过程衰变到$|d\rangle$态。描述动力学行为的主方程为

$$\begin{aligned}\dot{\hat{\rho}}_{\mathrm{m}}=&-i[\hat{H}_{\mathrm{m}},\hat{\rho}_{\mathrm{m}}]+\\&\gamma_{\mathrm{r}}\sum_{j,k=1,2,j\neq k}\left(\hat{\sigma}_{\mathrm{dr}}^{j}\hat{\rho}_{\mathrm{m}}\hat{\sigma}_{\mathrm{rd}}^{k}-\frac{1}{2}\left\{\hat{\rho}_{\mathrm{m}},\hat{\sigma}_{\mathrm{rd}}^{k}\hat{\sigma}_{\mathrm{dr}}^{j}\right\}\right)\end{aligned} \tag{2}$$

在主方程中，假设单体衰变γ_{r}较大，分子耦合作用较强。更弱的哈密顿量H将被绝热地考虑在内。

我们关注由两个里德堡态扩展的子空间。由于存在强烈的单体衰变，系统很快达到平衡态。为了考虑不同的时间尺度，将主方程$\dot{\hat{\rho}}=(\mathcal{L}_0+\mathcal{L}_1)\hat{\rho}$分为快（用$\mathcal{L}_0\hat{\rho}$表示）和慢（用$\mathcal{L}_1\hat{\rho}$表示）两部分，有

$$\begin{cases}\dfrac{\mathcal{L}_0\hat{\rho}}{\gamma_{\mathrm{r}}}=\displaystyle\sum_{j,k=1,2,\ j\neq k}\left(\hat{\sigma}_{\mathrm{dr}}^{j}\hat{\rho}_{\mathrm{m}}\hat{\sigma}_{\mathrm{rd}}^{k}-\frac{1}{2}\left\{\hat{\rho}_{\mathrm{m}},\hat{\sigma}_{\mathrm{rd}}^{k}\hat{\sigma}_{\mathrm{dr}}^{j}\right\}\right)\\ \mathcal{L}_1\hat{\rho}=-i[\hat{H}_{\mathrm{m}},\hat{\rho}_{\mathrm{m}}]\end{cases} \tag{3}$$

我们追踪快动力学，并通过二阶微扰计算推导慢动力学的有效主方程。

这里定义一个投影算子$\mathcal{P}_0=\lim_{t\to\infty}\mathrm{e}^{t\mathcal{L}_0}$，它将密度算符投影到与相对慢的

动力学子空间，即 $\hat{\rho}=\mathcal{P}_0\hat{\rho}_{\mathrm{m}}$。一阶校正 $\mathcal{P}_0\mathcal{L}_1\mathcal{P}_0\hat{\rho}_{\mathrm{m}}=0$。然后计算二阶修正 $-\mathcal{P}_0\mathcal{L}_1(I-\mathcal{P}_0)\mathcal{L}_1\mathcal{P}_0\hat{\rho}_{\mathrm{m}}$。计算产生依赖双原子退相的有效主方程，即

$$\dot{\hat{\rho}}_{\mathrm{e}}\approx\frac{2U^2(R_{12})}{\gamma_{\mathrm{r}}}\left(\hat{\sigma}_{\mathrm{dd}}^1\hat{\sigma}_{\mathrm{dd}}^2\hat{\rho}_{\mathrm{e}}\hat{\sigma}_{\mathrm{dd}}^2\hat{\sigma}_{\mathrm{dd}}^1-\frac{1}{2}\left\{\hat{\sigma}_{\mathrm{dd}}^2\hat{\sigma}_{\mathrm{dd}}^1,\hat{\rho}_{\mathrm{e}}\right\}\right) \tag{4}$$

这里定义 $\Gamma_{12}=2U^2(R_{12})/\gamma_{\mathrm{r}}$，并绝热地考虑哈密顿等过程，可以得到第 7 章给出的主方程（将近似结果进一步推广到多原子情况）。